生活文化史選書

日本人とオオカミ

世界でも特異なその関係と歴史【第二版】

栗栖　健　著

口絵 1

オオカミの性格について日本人が持っていた善悪両面を伝える篠原踊。
2015 年 1 月 25 日、奈良県五條市大塔町篠原の天神社にて。（本文 10 頁）

口絵 2

かつてのオオカミ信仰を偲ばせる奈良県吉野郡十津川村の高滝神社。
明治期の神社明細帳で「御使者狼」の文字が消されていた。（本文 17 頁）

口絵３

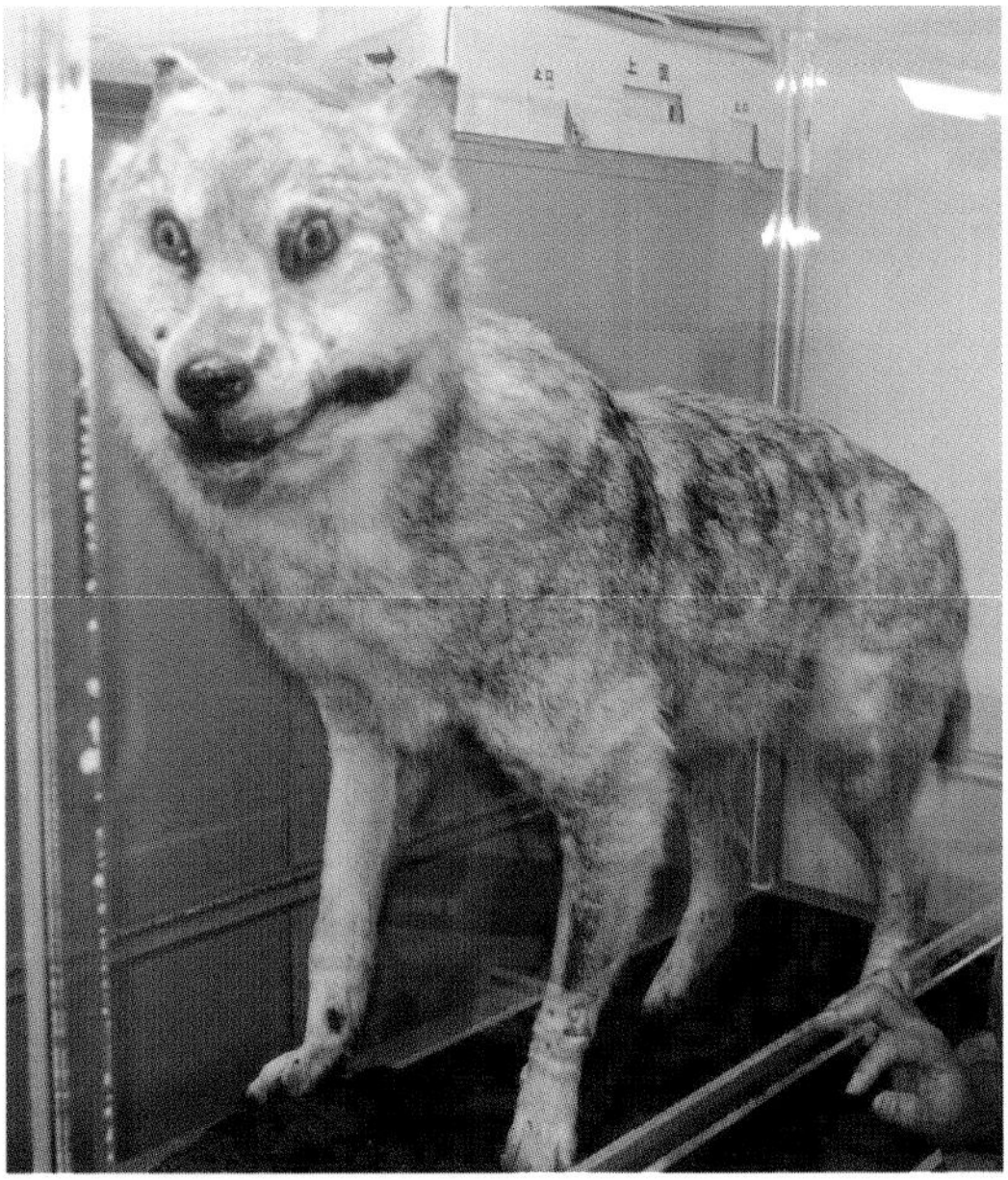

迫力十分のニホンオオカミの剥製。
（和歌山大学教育学部所蔵）

口絵４

じっと何かを見つめる北米大陸のシンリンオオカミ（カナダ産）。
旭川市旭山動物園にて。

序

環境省自然環境局長
小野寺　浩

昨年（二〇〇三年）一〇月、最後のトキが死んだ。これで日本の野生のトキは絶滅したことになる。一八世紀、将軍吉宗の時代に全国各藩の特産品を徹底的に調べた「諸国産物帳」によって、トキはほぼ全国的に分布していたことがわかっているから、劇的な衰退は明治以降のことである。

オオカミは、約一世紀前の明治三八年、奈良の山中で捕獲されたのが最後の記録であり、ほぼこの時をもって絶滅したと考えられている。オオカミの絶滅の原因については、毒薬ストリキニーネの輸入・普及、狂犬病、ジステンパーの流行、銃猟の普及（南北戦争後アメリカから大量に流れて来たとの説まである）等々があるが、捕食対象としてのシカが、国土開発と乱獲によって激減したことが大きな原因であろう。集団で狩りをするオオカミは、必然的に大量のシカの群れを必要としたからである。

明治以降の日本では、ほ乳類と鳥類のみに限っても一八種の生物を絶滅させてきた。オオカミやトキと同様に、森林破壊、農薬や乱獲、要するに人間活動によってである。いま現在、日本で絶滅が危惧されている生物種＝絶滅危惧種は六〇〇種にも及ぶとされ、しかもその絶滅の危機はむしろ増大傾向にあるといわれる。環境の世紀といわれ、生物多様性保全という言葉が市民権を得つつあるいま、こうした現象が見られるのはなんと皮肉なことであろうか。

栗栖健氏の「日本人とオオカミ」は、この逆説的な状況の中でこれからの環境問題を考える際に、極めて重要な手掛かりを与えてくれる作品である。森にわけ入り村々を廻って膨大な聞き書きを重ね、文献を渉猟する姿は、新聞記者というよりは優れた民俗学者・科学研究者を思わせるが、しかし彼の作業の真の価値は、こうした精密な事実の積み重ねの向こうに、オオカミと人との係わりを通して日本人の自然観の二重構造を「発見」「実証」したことにあると考えられる。古来、自然を愛し自然と共生したと捉えられてきた日本人が、明治維新以降突然弊履のごとくその感性を捨て去って近代化に邁進した。そしてその間の事情は、彼の「貴族・知識人と農民とのオオカミ観の二重構造」によって鮮やかに説明される。

本書を、環境問題、自然保護に関心を持つ人のみならず、日本人や日本社会の将来に思いを致すすべての人に推奨したい。

はじめに

わが国の昔話類には、なぜ、ヨーロッパの寓話などのように、オオカミが出てこないのだろう——筆者が、日本人と野生動物との関係を考えているうちに、こんな疑問を持ってから二〇年余りになる。

オオカミは、わが国古代の神話にも登場しない。歌人たちの無視は、異様なほどだ。しかも彼らは、今からみれば意外なほど人里の周辺に、出没していたのである。日本人とオオカミとの歴史には、何か隠されているものがあるのではないか、という小さな疑いは、そのうちに確信となっていった。

一九八七年、吉野——確認されている最後のニホンオオカミの採取地——がある奈良県に転勤してからは、史書などの中に「狼」の名を求める一方、吉野を中心に、彼らについての伝承や古い記録を捜しはじめた。その結果、古代からの日本人のオオカミ観に、次のような特徴と傾向を見い出した。

①人口の大部分を占めていた農民層は、オオカミを、それほど恐れず、また、必ずしも敵視していなかった。それどころか、敬意に近い感情もみられる。農民、牧者にとって、オオカミが不倶戴天の敵であったヨーロッパ、「餓狼《がろう》」という言葉を作った中国とは、対し方は、対照的だ。

②わが国でのオオカミ観は、こうした農民層のものと、貴族ら支配層、知識人とのそれとでは互いに異質な面を持ち、むしろ二重構造とも呼べるものだった。前者が、日常生活の中でオオカミに接した経験に基づいていたのに対し、後者は、古くから文明の師であった中国の強い影響を受けていたのである。オオカミ像は、両者の間で揺れ動きながら形を成してきたのだ。このことは、わが国でのオオカミ観を、浮動的で輪郭が不明瞭なものにした。

③日本人のオオカミ観は、こうした二重性を内包しながら、時代とともに変わってきた。一口で言うと「神から凶獣へ」である。近世・江戸時代は、その流れが表面化した時期だ。前半の大開発と狂犬病の流行に伴う人とオオカミ

間の緊張の高まりは、その大きな要素だった。しかし、日本人はこの野獣に対する親近感を失うことはなかったのである。

肉食獣のオオカミは、わが国の自然界で食物連鎖の頂点に立っていた。彼らには、山野の変化が凝縮して投影している。

農民層は、社会、国家を支えていながら、識字層には軽視、無視されてきた。文献などに残るきれぎれな痕跡から引き出した農民たちのオオカミ観は、農耕生活を支えてもいた各時代の山野の姿と、森林を耕地や採草地に変えながら営まれてきた農業のあり様も語っていた。その上に、農民たちの価値観、感性、美意識はあったのであり、それは確かにわが国文化の基層を流れていたのだ。

二一世紀、わが国の国際化はさらに進んでいくだろう。その反動で、「日本人とは何か」「日本人らしさとは」と問い直す声も大きくなるだろう。国際化の流れに埋没したり、逆に、偏狭な民族主義に陥る危険もある。どちらも、日本人としての自己を見失うことになるという点では、共通している。日本人が、昔から、その精神世界を、日常の生活体験に根差しながら、かつ、中国などの周辺地域、時代が下っては欧米などの文化の恵みを受けて形成してきたことは、動かしがたい事実である。私たちは、謙虚に、柔軟に、誇りを持って、その事実を受け入れるよりほかはない。そうすることによって私たちは、はじめて国際社会の中で、民族として、等身大の自己を見い出すことができよう。

本書を書いていて、改めて、そのことに思いいたった。そんな大きな課題を、この小著に負わせてはいないが、以上のことは、常に筆者の心には懸かっていた。

本書で言う「オオカミ」は、かつて本州、九州、四国に生息していたニホンオオカミである。明治三八年（一九〇五）、吉野《よしの》・鷲家口《わしかぐち》で動物標本を集めていたアメリカ人青年、M・P・アンダーソンが入手した若い雄を最後に、生息は確認されていない。また、北海道には、大型のエゾオオカミが存在していたが、ニホンオオカミに先立って絶滅した。本書で「わが国」もしくは「日本」と呼んでいる地域は、原則として北海道を外してある。

刊行されている古典や古文書などからの引用文は、必要に応じて口語訳、読み下しにした。句読点をつけ、漢字も新字体に直したり、ふり仮名を加除した箇所もある。直接引用は〔 〕「 」で示し、▽△内は口語訳や要約にして紹介した文である。

本書は、毎日新聞奈良版に、一九八九年一月から九一年一〇月まで連載された「ニホンオオカミ考」を手直して出版された「日本人とオオカミ」（二〇〇四年）の判を改めて生活文化史選書の一冊としたものである。刊行にあたっては、初版以後、市町村合併などにより変更した地名は努めて現在のものに改め、また写真を追加したが、初版に序を寄せていただいた小野寺浩氏、話を紹介させていただいた方々の消息、肩書などは多くが取材当時のものである。失礼をお詫びするとともに、ご了承いただきたい。

また、今回担当していただいた雄山閣編集部の羽佐田真一さんにお礼申し上げる。

二〇一五年五月

栗栖　健

目次

第Ⅲ部　オオカミがいたころ……141

第Ⅰ部　篠原踊

❖口上に込めた祈り❖

奈良県吉野郡大塔《おおとう》村篠原《しのはら》（現在は五條市）は、大峰《おおみね》山脈の西側に深く入り込んだ谷の一番奥にある集落だ。ここでは毎年一月二五日の氏神祭で、地区の天神社に伝統の篠原踊を奉納してきた。かつては、寒さも峠を越す旧正月二五日の行事だった。

奉納する踊りは今も三種類だ。「ハイヤーハー」の掛け声で踊りが始まる。男性は小太鼓を左手に持ち、それをくるくると回しながら打つ。打ちながらはやし、かつ踊る。女性は、扇を広げて持ち、太鼓に合わせて舞い続ける。気品ある踊りだ。

和泉安恭さん（昭和三年＝一九二八＝生、大和高田市）は、篠原に生まれ約二〇年間、踊りの音頭取りをしていた。子供のころ、祭の夜は寺にみんなが集まり、素人芝居などの余興を楽しんだ。その合間にこの踊りもしたが、奉納した三曲は踊れなかった。その当時、他の娯楽がほとんど無いこの村で、この行事は一年のうちで一番の楽しみだったという。

この優雅で、哀愁さえ帯びた山里の踊りには、その昔、オオカミが人を害し、村人たちが氏神に退治できるようにと祈ったのが始まりという由来話が、伝わっていた（『大塔村史』昭和三四年＝一九五九＝、同村役場）。

一方、かつては篠原踊を氏神に奉納する前、村の長《おさ》が神前で述べた口上があったようだ。口上は、由来話とは相反するオオカミ像を秘めていた。『村史』からその文句を引用する。昭和の初めのころ、当時六〇歳位だった篠原の戎谷大吉さんが語った、その戎谷さんがさらに古老から伝え聞いていた「昔の方法」だ。

「正月二五日が来ると、往古狼退治以来の仕来《しきた》りにより部落民一同は鎮守の森に集まる。」役者一同が神前に円陣を作って並ぶと、庄屋が進み出て拝礼し、声高々と次のように唱えた。

オオカミ伝承を秘める奈良県五條市大塔町の篠原踊
2003 年 1 月 25 日、天神社境内での奉納の様子。

「コトシハ　シシモレル　サルモレル　キリハタモ　ホウサクレ　ウリガミサマニ　ナニカ　オロリヲ　ケンリマショウ」

（今年はシシも出ず、サルも出ず、切畑も豊作で、氏神様に何か踊りを献じましょう）

「切畑」は焼畑、「シシ」はイノシシである。イノシシもサルも、シカと共に焼畑を荒らす代表的な野生動物だった。口上は、焼畑がこれらの害獣に荒らされなかったから、おかげさまで本年は豊作でした、と氏神に感謝しているのだ。

焼畑は、山林を切り払って燃やし、そのとき出た灰のみを肥料に雑穀や豆類、芋類などを栽培する農法だ。大体三年間、焼畑を続けると、天然の森林が長年の間に培った地力が衰え、草や木も生えてくるので畑を放置し、山林に戻す。そして一〇年、二〇年後、また焼畑をつくる。

山国の吉野に水田は乏しい。篠原では戦後（第二次世界大戦が終わったのは一九四五年）の食糧難時代まで焼畑を続けていた。

その焼畑には、土が肥えて雑草も生えない一年目にヒエ、二年目にアワもしくはキビ、三年目にはマメ科の植物（マメ科の植物は共生する根粒菌の働きで、やせ地でも栽培できる）であるアズキを栽培した。ヒエは、お粥などにして主食代わりにもできる大事な穀物だったのである。

焼畑はかなり山奥にもつくられた。家から通えなくなる遠方の場合、農繁期など畑に臨時の出作《でさく》小屋を建てて泊まり込んだ。和泉さんの母、朝子さん（明治三六年＝一九〇三＝生）は「行くのに半日くらいの所にも小屋を作った」と言う。遠い焼畑でも種まき、夏の草取り、取り入れと年三回は通った。朝子さんは、学校がある子は隣りの実家に預け、小さい子は背負って働いた。焼畑の世話は女性の仕事だった。

焼畑は、篠原に限らず、各地の山村で生活に欠かせない柱の一つだったのである。

山村においては、これら焼畑や普通の田畑でさえ、イノシシ、シカ、サルなどの害が、その存続を左右した。彼ら害獣たちにとって、農作物は栄養豊かで、手軽にまとまった量を得られる、山野では望めないご馳走だったのである。

大峰山脈の谷間にある篠原の里

イノシシの侵入を防ぐため石を積んだシシ垣
吉野郡上北山村河合で。害獣防ぎのこうした垣や柵がいまも残されている。

昔から農民たちは、害獣対策に労力と時間を費やしてきた。江戸時代後期に書かれた次の文は、その辛さをよく伝えている。

文化九年（一八一二）、駿河・島田の人、桑原藤泰が、大井川上流を踏査した時の記録「大井河源紀行」（宮本勉編著『大井河源紀行―はまつゞらの抄』に収録）にある、山中で出会った焼畑農民との会話だ。

〔彼《か》のをのこに山中の事業を尋《たずぬる》に、答て云《いふ》。都《すべ》て此《この》山中の者は、高山に圃《ハタ》を開き黍《キビ》・稗《ヒエ》を樹芸するゆゑ、秋の頃成熟《みのり》の時は間際《ひま》なく防諫《ふせぎ》せざれば、百日の骨折一夜に禽獣《きんじゅう》に食盡《くいつく》さる故に、今より種かしき秋に至れば、極老《ごくろう》あるは廃疾《はいしつ》の外は、皆山圃《ヤキハタ》に到て、あらかじめ茅《カヤ》を刈りて如レ此《かくのごとく》守舎《ヤマゴヤ》を結《ゆ》ひ、舎前に木板を掛ておき、昼は女子童子等をして是《これ》を鳴らして飛禽《ヒキン》、猿、鹿をおどさしめ、丁荘《をとこ》は力を盡《つく》して収蔵《しゅうぞう》し、夜も松火《たいまつ》を燈《ともし》て擣簸《とうは》し、丁荘は児に代りて木板を打、あるいは大音にて相呼ひ《び》、禽獣《きんじゅう》の害を防ぐ。故に夜といへども睡《ねむ》る事を得ざれば、昼の疲れを療《いや》することあたはず、収蔵終りて後、男女はじめて我家へ帰るのみ。其労苦甚し。〕

害獣防ぎのためには、農民は「圃毎《ハタごと》に五六尺許《ばかり》の折木《おりき》にて垣を作りて柵《さく》とするなり。是、野猪、鹿の害に備ふなり」という苦労も経験しなければならなかった。

害獣を追い払う苦労は、戦後になっても綿々と続けられた。

害獣の代表はイノシシ、シカであり、サルがそれに次ぐ。しかし、イノシシとシカの田畑の荒らし方は異なる。

人間と同じように胃袋が一つだけで、草や木の葉などの繊維質は消化できないイノシシは、主にイモや穀物をねらった。食べたついでに田んぼでヌタ（泥浴び）をうたれると、取り入れ前の稲が一晩で全部倒された。

十津川《とつかわ》村旭で耕作してきた岸尾富定さん（明治三九年＝一九〇六＝生）は、イノシシの田荒らしの現場を何回も目撃している。

「稲の穂を口でシューシューとしごく。出て来るのは、だいたい夜だ。見回りに行くと、いつも一頭で出ていた。田に入ると、稲はわけなく喰《く》われ、足で踏み荒らされて、どうもこうもなかった。」

イノシシはその他にも、クリ、ドングリなどの木の実、ヘビ、カニなどのほか、鋭い臭覚を頼りに、強く器用な鼻を使って地下のヤマノイモ、ユリの鱗茎、ミミズなどを掘り出して食べる。低くずんぐりした体型は、里山に多いヤブの中での生活に適応している。

四つの胃を持ち、何回も食物を反芻《はんすう》するシカは、主に胃内の微生物の力で植物の堅い繊維を消化できる。イネ科などの草本は、彼らの中心的な食物だ。よく水田を荒らすのも、稲が苗のころである。

山の畑の周辺は、オオカミたちには、待っているだけで獲物が集まってくる狩り場だったのである。オオカミにとっての狩りは、農民たちからみれば、生活を脅かす憎っくき害獣の駆除にほかならなかった。

かつて吉野では、オオカミが倒した獲物の食べ残しを「オオカミ落とし」と呼んでいた。この肉の贈り物は、イノシシもあったが、多くはシカだった。

その昔、わが国の山野に君臨していたのは、ニホンオオカミとツキノワグマだ。

クマは、通常、人間とは遠く離れて暮らす孤独な深山の住民である。

江戸時代後半、越後・塩沢の人、鈴木牧之《すずきぼくし》（明和七年―天保一三年＝一七七〇―一八四二＝）は『北越雪譜《ほくえつせっぷ》』の中で、「熊《くま》は和獣《わじう》の王、猛《たけ》くして義《ぎ》を知《し》る。菓子《このみ》の皮虫《かはむし》のるゐを食《しょく》として同類《どうるゐ》の獣《けもの》を喰《くらは》ず、田圃《たはた》を荒《あらさ》ず、稀《まれ》に荒《あら》すは食《しょく》の尽《つき》たる時也」（岡田武松校訂『北越雪譜』岩波書店）と人とクマが昔から保ってきた関係を的確に述べている。

これに対し、オオカミは人を怖がらず、むしろ自分の方から近付いてくることもあったようだ。

松山義雄さん（明治四三年＝一九一〇＝生）は、『狩りの語部――伊那の山峡より』（法政大学出版局）で、伊那谷では昔から「くま山騒げ、いぬ山だまれ」と言われてきたという話を紹介している。「いぬ」とは山犬、オオカミのことだ。彼らがいる山で、大声を出すと、好奇心の強いオオカミたちが何事かと集まって来るから、静かにこっそりと通り抜けろという意味である。逆に、クマは人に気付くと自分の方から人と出くわすことを避けたことによろう。

野迫川《のせがわ》村弓手原の中上茂子さん（大正一〇年＝一九二一＝生）は、子供のころ、明治一一年（一八七八）生まれの祖母から、次のような話を聞いている。

「祖母がまだ若かったころ、村の南の奥千丈で、植林が進められていた。ここで働く人たちへ食べ物を運ぶのは、女の人の役目だった。ある日、祖母にもこの仕事が回ってきた。祖母を含む一行は村の上手から山に入り、尾根道を登って行った。祖母たちが、村から一時間ほどの所までくると、一緒にいたおばあさんから『向こうの尾根を越えたら、またここに帰ってくるまで、話をしてはいけない。オオカミが寄ってくるから』と注意された。それからは、みんなわざと押し黙りただ歩いたという。」

オオカミの人なつっこいとでも言えそうな一面を物語る伝承は他にもある。

「送り狼」という言葉は、今ではもっぱら、女性を親切そうに送り、途中でけしからぬ振る舞いに及ぶ卑劣な男を指すようだ。しかし『広辞苑』を引くと、この意味は二項目に入っており、一項目の説明は「山中などで人の後を追って来て襲うという狼」である。

今も語られている「送り狼」の大まかな筋は次のようなものだ。

夜の山道を歩いていると、いつの間にかオオカミがつけている。オオカミはそのままある程度の距離を保ちながらついて来て、人家近くになると姿を消していた。

この話に、「送り狼」は人を襲わないとか、むしろ人を守ってくれるという説明や、それでも人が転ぶととびかかって来るから気をつけろ、という警告が付くことも多い。

現在では、「送り狼」が人をつけたのは、自分の領分に入ってきた人間への興味からであり、人が倒れたら襲うのは、オオカミにごく近い犬が、かたわらを静かに通る人には何もしないのに、こわがって走り逃げる人には追いかけてかみつくことがあるように、人間の急な、オオカミにとっては意外な動きが、攻撃の衝動を誘発した、というのが通説だ。

「送り狼」は、こうしたニホンオオカミの行動からわが国で作られた言葉だ。少なくとも江戸時代前期には、使われていた。元禄一〇年（一六九七）刊の人見必大《ひとみひつだい》『本朝食鑑《ほんちょうしょっかん》』にも出ていて「送り狼」の行動、性格の説明は今とほぼ同じだ。

猛獣あつかいされてきたイノシシを倒せる力とシカにも追いつける速さ、害獣を介した農業との関係、人間との近さ――どれをとっても、篠原踊の口上が神に祈った焼畑の害獣退治の役を、自然界で果たせるのは、オオカミを置いてほかにはいなかった。

篠原踊の口上には、中部山岳地や中国、丹波、丹後など焼畑、山の畑が重要な地域に伝わっていた、オオカミを神の使いとし、シカ、イノシシの駆除を祈る信仰と重なるところがある。

和歌山県田辺市に住んだ南方熊楠《みなかたくまぐす》（一八六七―一九四一）は、明治四二年（一九〇九）発表の『小児と魔除』に、十津川村の玉置神社《たまきじんじゃ》は「その神狼を使い者とし」、「猪鹿《ししか》田圃を損ずるとき、この社について神使を借る」と「その人家に達する前、家領の諸獣ことごとく逃げおわる」という神使信仰があったことを記録している（『南方熊楠全集』平凡社）。ただし、現在、同神社には、この信仰は伝わっていない。

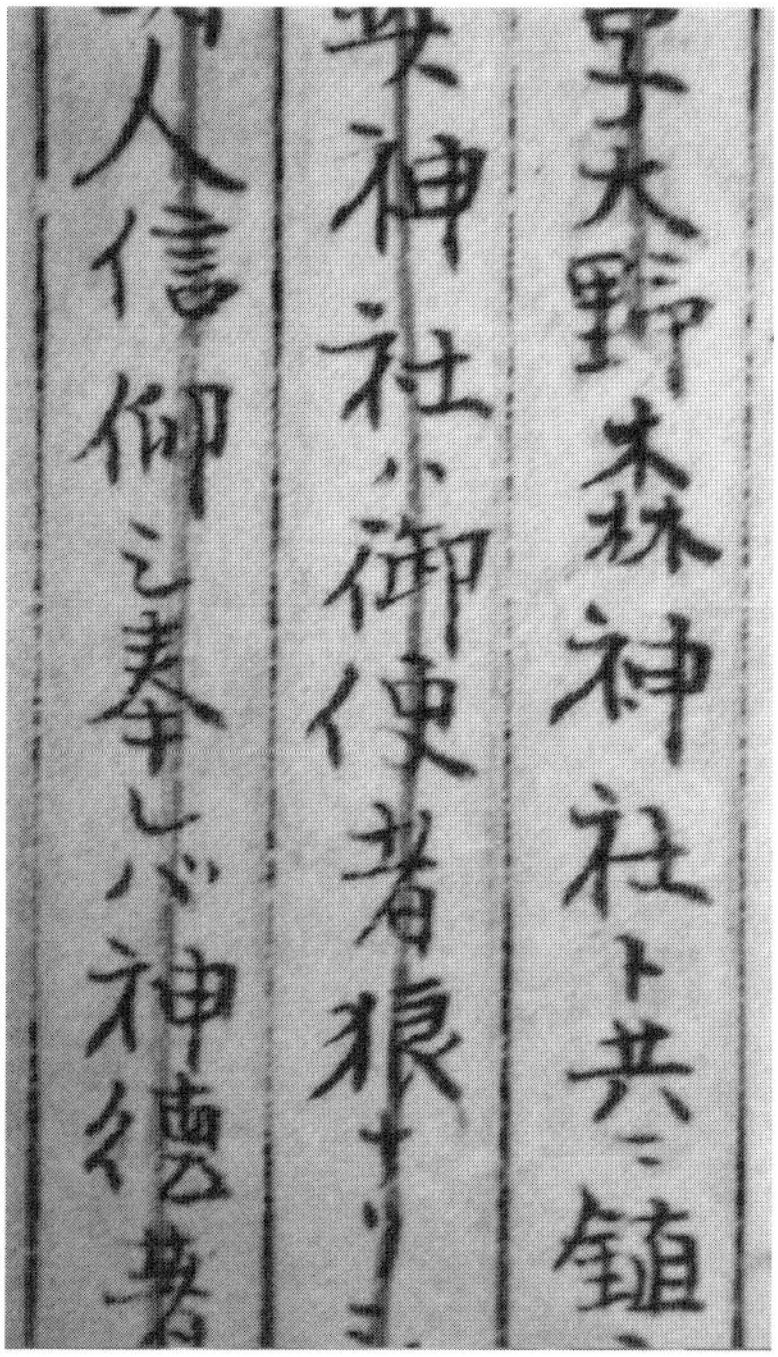
子大野森神社ト共ニ鎮
神社ハ御使者狼ナリ
人信仰シ奉レバ神徳

高滝神社の由緒並沿革
狼に関する記述部分が消されている。

十津川村高滝の氏神である高滝神社にも、オオカミ神使信仰があった。高滝は、篠原から約二〇キロ南、同じく大峰山脈の西側だ。

明治二四年（一八九一）、十津川村が県の訓令で提出した神社明細帳における同神社の由緒並沿革の項には次の部分がある。

〔当神社ハ御使者狼ナリシトテ能ク他ノ悪獣ヲ戒メ耕作ヲ盛ニスル神ナリ。故ニ諸人信仰シ奉レバ神徳著シキ明ナリ」

おもしろいのは、この箇所が朱線で消してあることだ。筆を入れたのは、おそらく担当した県係官だろう。明治以降、国家神道が推進される中、神社の伝承に、オオカミはそぐわなくなっていたのではないか。南朝伝説の地では、なおさらだろう。

吉野以外で、今でもよく知られているオオカミ信仰の神社の一つに、秩父山地の三峯神社（埼玉県秩父市大滝）がある。三峯神社の奥宮《おくみや》は、熊野大権現を祀《まつ》っていた。そして高滝は、オオカミを使いとしていた形跡がある玉置神社への登り口だ。道は熊野へと続く。この信仰が、篠原にも伝わっていなかったら、地縁、口上に込められた願いとの共通性からいっても、不自然である。篠原の氏神も、かつては神使信仰を伝えていたのだ。口上は、オオカミを貸してくれたことへの謝辞だったが、オオカミは後に消されたのだろう。

篠原踊にはこれとは別に、オオカミは登場せず、鎌倉幕府と戦い、吉野で護良親王《もりながしんのう》の身代わりとなって自刃したと伝えられている南朝の忠臣、村上義光が名付けたという伝説もあった（『村史』）。

それを伝える文書は、宮本常一も『吉野西奥民俗採訪録』（昭和一七年＝一九四二＝、日本常民文化研究所）で取り上げ、文体や、文末に「今ヲ去ル五百年」とある点などから「明治になって書いたもの」と推測した。忠臣の由来書が明治以後に書かれたのなら、それは口上からオオカミが消えていったのと表裏の関係だったのだろう。

篠原踊の由来が伝える凶獣と、口上の背後に隠されていた神使、という二つのオオカミ像の矛盾は、日本人とこの獣との歴史、特に近世・江戸時代以降のかかわり方の変化を映していた。このことは、第Ⅱ部で検討する。

❖シカ・イノシシ❖

人間の営みは、シカやイノシシたちの生活に、農作物をエサとして提供する以外の面でも寄与していた。

シカが好んで食べるススキなどの草は、開けていて日当たりがよい所に生え、生い茂る木の葉が陽光をさえぎって、一年中、薄暗い常緑広葉樹林や繁ったスギ、ヒノキの人工林の中には入れない。

以前、十津川村のある老猟師は「どんぐりなどをつける落葉広葉樹が多い天然林を切るとイノシシはすぐに姿を消す、シカは植林して一〇年ぐらい経ち、林内に光が入らなくなるといなくなる」と話していた。

奈良公園のシカを世話している「奈良の鹿愛護会」によると、シカは飛火野の草地などをエサ場にし、草、ナラ類などの木の葉を食べ、ドングリ類も好物だ。こうした採食場所と同時に、身を隠して休憩しねぐらにする茂みを必要とする。対照的な二つの環境がなければ生存できないというその生態は、数の増減、分布の変動なども微妙なものにしているようだ。

世界の植生を気象条件からみると、草地地帯は、森林地帯に比べ、降雨量が少なくより乾燥しているか、より寒冷である場所だ。一般的に、植物相は、条件が厳しくなるにつれ、森林から疎林、灌木《かんぼく》地、さらに草地へと移行する。雨が多く、気温・湿度も高いわが国では普通、人間の生活圏にある平地、山地で草地ができることはない。もし仮に人間が手を加えなければ、東北地方の南部以南の低い地帯は、シイ、カシ類などの常緑広葉樹林におおわれ、紀伊半島では標高六〇〇〜七〇〇メートルまで、通年薄暗い森になっていたはずだ。そこでは焼畑や山火事の跡にも草、灌木が生えてヤブ化し、いずれ森林へ移行する。

かつて、わが国の農山村を取り囲む山や丘陵に広がっていた採草地は、人間が森林を切り開き、毎年火を入れて維持していたのだ。

「奥吉野の人文様相」（岸田文男、『吉野風土記』一九六二）は、吉野の山々における草刈場の壮大な景観を次のように描いた。西吉野村西日裏（五條市）で、明治九年（一八七六）生まれの男性から昭和三〇年（一九五五）に聞いた話だ。

▽明治の終わりごろ、火入れが禁止になるまで、西日裏の「焼野（やけの）」、草刈場は天川村境にまで達する広い共有山だった。ふもとの方はスギ、ヒノキのわずかな人造林だったが、その上は四合目まで、クリ、コナラ、シデ、

エゴノキ、モミ、ツガ、マツ等の天然林だった。大半はクリで、秋になると総出で拾いに行った。四合目以上が「焼野」で、山の上に延々と続いていた。ここには春、火を入れた。良い緑肥とワラビ根、ゼンマイの芽が採れるからだ。(でんぷんを取るための)ワラビとクズの根掘りは、秋から冬にかけての生活を支えた。△

かつて、シカが主要な害獣として跋扈《ばっこ》していたのは、この草地の存在なしには考えられないのではないか。焼畑も、採草地も、多くは里周辺の山にあった。鈴木牧之は『北越雪譜』に「鹿は深山をこのまず、おほかたは端山《はやま》に居《を》るもの也」と記している。端山は里山。

イノシシは、ヤブ化していく、どの段階でも利用できた。

これらのシカやイノシシを追うオオカミも、人里周辺に集まった。

和歌山に生まれた江戸時代末の医師であり博物学者の畔田伴存《くろだともあり》、号は翠山《すいざん》(一七九二―一八五九)は『吉野郡名山図志』の「大台山記」に「狼は深山ゆゑになし」と書いている(平井良朋編集『日本名所風俗図会　奈良の巻』角川書店)。実際、その通りだったのだろう。

オオカミは、人の活動に依存した面があった故に、またその影響を受けやすかったのだ。

第Ⅱ部　神から凶獣へ

原始時代

縄文時代、人々は土器、弓矢を作り始めた。貝塚からは、食料にした動物の骨が出土する。イノシシとシカを中心に、ニホンザル、ノウサギ、クジラなど手あたりしだいに食べていたようだ。縄文時代早・前期にあたる新潟県三条市の室谷洞窟遺跡の出土遺物をみると、クマが主な獲物の一つだったと推測できる。これに対し、縄文時代の遺跡から出土する獣骨に、オオカミとみられるものはごく少ない。しかも、その多くは犬歯や四肢骨の一部で、穴を穿《あけ》るなどして「垂飾《すいしょく》その他装身具《そうしんぐ》に加工している例が多い」（金子浩昌『貝塚の獣骨の知識』東京美術）。

縄文時代にはいろいろな動物を模《かたど》った土製品が作られた。背中の毛を立てて威嚇《いかく》しているイノシシの像も広い地域で出土している。尾を巻いたイヌ、サル、クマの土製品も見つかっている。しかし、オオカミらしいものは、無いようだ（岩手県一関市の貝鳥貝塚では、鹿角製のオオカミとみられる頭部彫刻が見つかっているが）。

狩猟、採取を生活の柱としていた縄文人には、オオカミは何よりも強く、恐ろしい存在だったはずだ。一方で、その狩りの能力には、一目も二目も置いたのだろう。歯や骨を身に付ける飾りにしたのは、強さへの畏敬のほか、狩猟技術向上への願いも込めていたのではないかと思われる。オオカミの肉は江戸時代や明治になってから食べた人の話では、固くまずかったらしい。皮も利用価値が低かったようだし、その上、危険とあれば、普通は狩猟の対象とすることもなかったのではないだろうか。縄文人たちのオオカミに対する沈黙の底にある思いだろう。

わが国では、動物性蛋白質を、縄文時代から、主に水産物に求めていた、との指摘がある。最古の土器が出現した「一万三千年前は、寒冷・乾燥した氷河時代から温暖・湿潤な後氷期へ移り変わる移行期に当たっている。」この「自然環境の激動のなかで、日本列島が際立った特色を示すのは、世界に先駆けてブナの森が形成され、その森の中で森の文化が誕生したということである。」「日本列島にのみ、この時代以降ブナが拡大した」のは、温暖化で海面が上昇、日本海に対馬暖流が流入するようになると「ただちにブナの生育に適した積雪量の多い海洋的風土が形成されるという地理的位置にあったからである。」この激動期に「日本列島人」は、旧石器時代には狩りの主な対象だった「大型哺乳動物に代わってサケ・マスなどの内陸の湖沼や河川に生息する魚類と、温帯の落葉広葉樹の森のドングリ類やクリ・クルミなどを、新しい食糧資源としてもとめる生活様式を確立したのであ」り、「森の資源と川や海の資源が、森の縄文文化の生業の基礎だった」(安田喜憲『森と文明の物語―環境考古学は語る』筑摩書房)。

人間が、旧石器時代に大型哺乳動物を獲物にしていたのは、当時の寒冷な気候では木が育たず、草原が形成されるからだ。哺乳動物には、大型のものは草原に住み、森林内には小型のものが生息するようになる傾向がある。

新石器時代は、世界的には土器の使用と農耕、牧畜が始まった時代だ。わが国では、縄文時代が新石器時代に相当するが、牧畜を欠いている。農耕は、少なくとも畑作はこの時代に始まり、晩期には稲作が入っていたという考え方が多くなっている。しかし大規模な耕作の証拠は見つかっておらず、生活を支えるものではなかったようだ。どちらも豊かな自然条件が、漁労、狩猟、採取に依存した生活を可能にしたことを裏付けるものだろう。

牧畜を持たなかったから、オオカミが放牧した家畜を襲うことによる人間との紛争も生じない。このことは、この最強の肉食獣についての思いを、縄文時代人が残さなかった理由の一つだった可能性がある。互いに生存を左右するような仇敵関係なら、オオカミの存在が人々の意識に投影しなかったはずがないからである。

弥生時代は、紀元前五~四世紀から紀元三世紀までの間とされている。本格的な水稲栽培と鉄器、青銅器の使用が始まる時代だ。

しかし、漁のほか採取、狩猟も依然として人々の生活には欠かせなかった。弥生の集落跡などからもイノシシ、シカのほかクマ、サル、タヌキなどの骨が出土する。オオカミらしい骨は縄文時代と同様に、やはりごく稀《まれ》だ。

弥生人は土器に人や家屋、舟などとともに動物ではシカ、トリ、魚、想像上の竜らしい絵を描いている。祭祀に使われたと考えられている青銅器の銅鐸にもシカやイノシシ、それらを狩っているところ、犬などが描かれていた。土器の動物はシカが多く、銅鐸にもシカがイノシシより多く取り上げられている。オオカミは土器、銅鐸のどちらにも、今までの発見例では、姿を見せない。

狩猟も生活の大きな柱だった弥生人たちにも、オオカミは、畏敬すべき存在であった。さらに農耕が始まってからは、農作物を荒らす動物を捕食する益獣という一面に人々は気付いたはずだ。

中国・魏（二二〇―二六五）の歴史を書いた『三国志・魏志』「東夷伝・倭人の条」、一般的に言う「魏志倭人伝」には、倭の国に生えている木の名が出ている。「柟《だん》（くす）・杼《ちょ》（とち）・予樟（くすのき）・楺《ぼう》（ぼけ）・櫪《れき》（くりぎ）・投（被？　すぎ・かや）・橿《きょう》（かし）・烏号（やまぐわ）・楓香（おかつら）」（石原道博編訳『新訂　魏志倭人伝・後漢書倭伝・宋書倭国伝・隋書倭国伝』岩波書店）。

有用なもの、印象に残った木を書き出してはいるのだろうが、他にササ類もある。これらを組み合わせると、大きな常緑樹と、人々がそれらを伐採したか、焼いた後に生える落葉樹が混じる林の縁にボケが生え、開けた林床をササが覆《おお》うという風景が浮かび上がってくる。シカ、イノシシには生きやすい環境だ。銅鐸のイノシシ、シカ、それらの狩猟図は、狩りの豊猟を祈ったほか、害獣防ぎの願いを込めていたのではないか。

こうした条件の中で形成された弥生人のオオカミに対する感情、思いには、感謝に近いものがあっても不思議はない。夜眠る時間さえとれないほど見張りに精力を費やしていても、ほんのわずかな隙《すき》に作物を荒らされていた日々のある夕べ、オオカミの遠吠えが近くの山で響くと、あれほど執拗に田畑をうかがっていたイノシシやシカが、ピタリと姿を見せなくなった、という経験は、この時代の農民には、珍しくなかっただろう。その時の安堵感と、オオカミが近くにいるという怖さは、まさに人々のオオカミ観そのものであっただろう。そうした彼らの思いは、その後も長く日本人のオオカミ観の柱となるのである。

弥生時代に広まった水稲栽培は、世界の農業の中でも珍しく、ヒツジ、ヤギ、牛、ブタなどの本格的な食用家畜を持たなかったようだ。それは伝来した当初からのことらしい。

稲作は、中国の長江下流域から北上、朝鮮半島南端部を経て伝わった、という有力な見方がある。その朝鮮半島南端部では、当時、家畜を飼育していなかった、というのも、通説と言っていいようだ。

わが国の弥生遺跡でも、食用家畜を、主要な食料にできるほど飼っていた痕跡は、見つかっていない。「魏志倭人伝」では、弥生時代後期の三世紀ごろ、わが国には牛、馬、ヒツジはいなかったことになっている。名を挙げたこれらの家畜は放牧にも向いているが、わが国では草地を維持するには、人の労力が必要だ。

わが国の水稲耕作の原型をつくった中国では、有畜農業が発達していた。遺跡からの出土物にも、家畜の飼育ぶりを示すものが少なくない。黄河流域では、わが国に稲作が伝わった時期前後に相当する時代の墓から、青銅製や陶器の副葬品に付けられた家畜形飾り（ブタ、牛、ヒツジなど、南部では牛、スイギュウ、ブタなどになる）が出土している。

わが国で、人々が水稲栽培を始めても、動物性蛋白質を家畜に求めなかった理由を考える時、縄文人が海、河川の魚貝類、野生鳥獣などでそれらを賄《まかな》い、牧畜を持たなかったらしいことは、当時における家畜の必要性、飼育の可能性を考える上で、注目すべき点といえそうだ。食用家畜を欠いたまま入ってきた水稲耕作は、その構造を変える必要が無かったのだろう。食用を含め家畜を持たない農業の型は後の時代にも引き継がれた。古墳時代に入ると、馬の骨や、使用に畜力が必要な農耕具の馬鍬《まぐわ》、犂（からすき）が出土、馬牛の埴輪も見つかっており畜耕をしていたことは明らかである。しかし、それらは多分に、持つ者の地位の象徴だった。わが国で、耕作用牛馬の使用が広がったのは、中世に入ってからである。

弥生時代にも、家畜が重要だったヨーロッパ、中国などのように、それらをオオカミが襲い、人間との対立を激化させたことは、なかっただろう。このことは、わが国とヨーロッパ、中国とでは現在でも対照的なオオカミ観の基にある。

銅鐸や土器の絵に、オオカミ退治を祈願したものが見当たらないことも、弥生人のオオカミ観の一面を、示しているように思う。

❖古代❖

本書では、わが国の歴史の「古代」を、古墳時代（四世紀〜）から平安時代（〜一二世紀末）までとしておく。

古墳時代の四―六世紀は、弥生時代にはなかった大きな権力が成立し、その名の通り「古墳」が造られた時代だ。古墳には、素焼きの土製品「埴輪」が並べられた。この中に動物を模《かたど》ったものがある。時期によって、制作された動物は変わっていき、前期〜中期は水鳥、鶏、魚など。中期には馬、牛、犬、シカ、イノシシなどが現れる。埴輪にみられる馬や犬は被葬者の身近に仕えた動物だったのだろう。一方でシカやイノシシは、権力者たちの楽しみだった狩りの良い獲物だったのではないか。銅鐸の絵とは、込められた意味の変質を感じる。それらには、一般民衆の思いとは重ならないところがあるに違いない。

これらの埴輪にオオカミは見当たらない。オオカミに対する沈黙はこの時代も続いているのだ。銅鐸と埴輪で、シカやイノシシの像が表す意味が変わったところがあるとすれば、この沈黙の内容も弥生人とは違ったはずだ。わが国でのオオカミ観における二重構造の芽生えも見ることができよう。

天武天皇四年（六七五）、「牛馬犬猿鶏」を食べることを禁じた詔《みことのり》が出ている。しかし、当時でも、庶民の食生活は、家畜の肉に頼ってはいなかったのだ。

この詔は殺生を戒めた仏教の影響が大きい。仏教はその後、近世まで続くわが国の肉食の禁忌《タブー》視に大きな役割を果たす。われわれの先祖たちは自然条件とこの制約の下で、長い歳月をかけ畜産物に依存しない食のあり様を発展させてきた。食用家畜への需要は、自然に出てこなくなる。

❖秦氏と稲荷❖

奈良時代に成立した『古事記』、『日本書紀』、『万葉集』、『風土記』は、この時期だけでなく、時代をさかのぼった記録、伝承なども収めている。ニホンオオカミは、「書紀」の一場面に登場し、『風土記』にも名が記載されているが、それ以外には姿を現さない。それらの筆者たちと彼らの属する階層にとって、オオカミは触れたくない存在だったようだ。

『日本書紀』は、奈良時代初めの養老四年（七二〇）完成。はじめて国家が作った正史である。巻第十九、欽明天皇の項にオオカミを「貴き神」と呼んだ話が出ている。

〔天皇幼《わか》くましましし時《とき》に、夢《みゆめ》に人《ひと》有《あ》りて云《まう》さく、「天皇、秦大津父《はだのおほつち》といふ者《ひと》を寵愛《めぐ》みたまはば、壯大《をとこさかり》に及《いた》りて、必《かなら》ず天下《あめのした》を有《し》らさむ」とまうす。寐驚《みゆめさ》めて使《つかひ》を遣《つか》はして普《あまね》く求《もと》むれば、山背國《やましろのくに》の紀郡《きのこほり》の深草里《ふかくさのさと》より得《え》つ。姓字《うぢな》、果《はた》して所夢《みそなは》しが如《ごと》し。是《ここ》に、忻喜《よろこ》びたまふこと身《み》に遍《み》ちて、未曾《めづら》しき夢《ゆめ》なりと歎《ほ》めたまふ。乃《すなは》ち告《つ》げて曰《のたま》はく、「汝《いまし》、何事《なにごと》か有《あ》りし」とのたまふ。答《こた》へて云《まう》さく、「無《ことも》し《な》。但《ただ》し臣《やつこ》、伊勢《いせ》に向《まか》りて、商價《あきなひ》して來還《まうく》るとき、山《やま》に二《ふた》つの狼《おほかみ》の相闘《くひあ》ひて血《ち》に汙《ぬ》れたるに逢《あ》へりき。乃ち馬《うま》より下《お》りて口手《くちて》を洗《あら》ひ漱《すす》ぎて、祈請《の》みて曰《い》はく、『汝《いまし》は是貴《これかしこ》き神にして、麁《あら》き行《わざ》を樂《この》む。儻《も》し獵士《かりびと》に逢《あ》はば、禽《と》られむこと尤《けやけ》く速《すみや》けむ』といふ。乃ち相闘《くひあ》ふことを抑止《おしとど》めて、血《ち》れ《ぬ》たる毛《け》を拭《のご》ひ洗《あら》ひて、遂《つひ》に遺放《ゆる》して、倶《とも》に命全《いのちい》けてき」とまうす。天皇曰《のたま》はく、「必ず此《こ》の報《こたへ》ならむ」とのたまふ。乃ち近《ちか》く侍《つか》へしめて、優《あつ》く寵《めぐ》みたまふこと日《ひび》に新《あらた》なり。大《おほ》きに饒富《にぎはひ》を致《いた》す。踐　祚《あまつひつぎしろしめ》すに及至《いた》りて、大藏省《おほくらのつかさ》に拜《ま》けたまふ。〕

（日本古典文学大系新装版『日本書紀』岩波書店）

▽天皇が即位前、夢の中に出て来た人が、「秦大津父という者を寵愛したら、壮年になって必ず天下を有するようになる」と告げた。捜してみると、山背国深草里（現京都市伏見区）に同じ姓名の者がいた。喜んで「何かあったの

か」と聞くと「たいしたことはない。ただ、伊勢に行って商売して帰る時、山で二頭のオオカミが相闘い、血まみれになっているのに会った。そこで馬から下り、口と手を洗いすすぎ『あなたたちは貴《かしこ》き神なのに、荒々しい行為を好む。もし狩人に会ったら、すぐにも獲られてしまう』と言い、闘うことを押しとどめ、血にぬれた毛をぬぐい洗って放し、共に命を助けた」と言った。天皇は「きっとこの報いだろう」と言い、近侍させて厚遇した。大津父は大いに富み、天皇即位後は、大蔵卿に任じられた。△

当時、オオカミがこのような「報い」をもたらす程の力があると考えられていた、と読める。天皇も、自分が夢をみたのは大津父がこの動物を助けたためだ、と判断することに迷いはなかった。

欽明天皇の在位は六世紀の中ごろと推定されている。

和銅五年（七一二）に完成した『古事記』には、クマ、イノシシ、シカからトラまで出ているにもかかわらず「狼」は文中に姿をみせず、さきの秦大津父の話も無い（武田祐吉訳注、中村啓信補訂・解説『新訂　古事記』角川書店）。大津父の話は、「記紀」の時代、二つの点で例外であり、異質であった。一点目は、ニホンオオカミが物語の中に姿を現していることであり、二点目は、大津父がこの獣を「貴き神」と呼んでいることだ。

「書紀」にも、「狼」の字そのものは、大津父の話以外で、熟語などの中に出ている。しかし、その字に込められたオオカミ像は、「狼」の字を作った中国のものだった。そうした言葉、文字を使うことにより、わが国の知識人層、支配層は、古代から中国でのオオカミ観の影響を受けていたのである。

「書紀」における「狼」という字の使い方をみてみよう。

「陛下《きみ》、譬《たと》へば豺狼《おほかみ》に異《け》なること無《な》し」―雄略天皇の五年二月。

葛城山で狩りをした天皇が、怒ったイノシシを恐れて木に登り「刺し止《とど》めよ」という命令に従わなかった護衛の舎人《とねり》を切り殺そうとした時、皇后が天皇をいさめた言葉だ。このくだりについて日本古典文学大系『日本書紀』の注は、中国の『荘子』の一節を借り、人物を置き換えたものと指摘している。

「狼《おほかみ》の子《こ》の野《あら》き心《こころ》ありて、飽《あ》きては飛《さ》り、飢《う》ゑては附《つ》く」――雄略天皇の九年三月。

天皇が、四人の将らに、彼らを派遣する新羅をたとえたことばだ。オオカミの子は、人に慣れ親しむことは無く、満腹の時は離れ、飢えたら近付くのだ。「狼子野心」は、中国戦国時代の紀元前三五〇年ごろ成ったとされる『春秋左氏伝』にある。

「書紀」にある以上の「狼」を使った語は、中国書からの引用だった。

近代以後のわが国でも、強欲で危険な者の譬《たと》えに使う「餓狼」は、秦の商鞅《しょうおう》（生年不明―紀元前三三八）の撰と伝えられている『商子』にみえる。

「前門の虎、後門の狼」は、わが国にもすっかり定着している警句だ。明代（一三六八―一六四四）の趙弼《ちょうひつ》『評史』に「諺曰」として、「前門ニ拒《ふせ》ギレ虎ヲ、後門ニ進ムレ狼ヲ」の一節がある。

これらの字句に現れる中国でのオオカミ像は、一貫して邪悪な凶獣である。「狼」の位置付けや性格に、矛盾や齟齬《そご》は無い。それは、中国におけるオオカミと人との関係の反映である。「貴き神」との差は大きい。しかも中国において「狼」は決して強さの象徴ではなかった。中国、朝鮮半島には虎がいたのである。

晋代、四世紀中ごろ、干宝《かんぽう》が書いた怪奇小説集『捜神記《そうしんき》』には虎が登場し、神を守り、仁者の亡骸《なきがら》の番をし、孝子に地震を知らせ、捨て子に乳を与えて育て、その乳飲み子は後に楚の国の宰相となるといった話がある。

源　順《みなもとのしたごう》が平安時代中期の承平年間（九三一―九三八）に編んだわが国初の項目別百科事典『倭名類聚鈔《わみょうるいじゅしょう》』は、「説文云《せつもんにいふ》」として、虎は「山獣之君也」と説明した。

『説文』は、後漢の許慎の撰。

中国の人々が、虎にこのような不思議な徳を与えたのは、その強さのためだろう。日本人がオオカミに対して抱いていた、善悪は超えて、単に恐ろしいもの、強いものという思い、それ故の敬意も、中国では虎のものだった。彼らにとってオオカミは、所詮、二流の猛獣であったのだ。

「書紀」でも、「強さ」の象徴として用いられた動物は、わが国において、ほとんどの人が実物を見たこともない虎であった。

天武天皇即位前の記事にも「虎に翼《とら　つばさ》を着《つ》けて放《はな》てり」の表現がある。

病床の天智天皇から譲位したいと打ち明けられて、それを辞退し、吉野に向かう大海人皇子を評した一節である。

「虎翼《こよく》」は、『後漢書』などにみえる。

「書紀」での「狼」のあつかいだけをみても、当時におけるわが国の知識人が、中国から輸入されたオオカミ観に拘束されていたことがわかる。しかし、彼らも、ニホンオオカミをあからさまな凶獣とは、しなかった。「書紀」の編者も大津父の話を外さなかったのだ。中国書の影響の大きさ、ニホンオオカミも実際に人を害したことを考えると、それらの否定的な面を打ち消すだけの肯定的見方があった、と考えるしかあるまい。このような見方の柱になったのは、強さへの畏敬とともに、彼らが農作物をシカ・イノシシなどの害獣から、結果的に守ったことによるものだろう。二つの見方の相克が、「書紀」編者のオオカミに対する沈黙の構造である。

大津父のオオカミ神聖視は、彼だけでなく、彼が属した秦氏《はたし》一族が伝えていた態度だったようにも思える。

秦氏については、『古事記』の応神天皇の条に、「秦の造の祖《はた　みやつこ》」が朝鮮半島から渡って来た、という記述がある。秦氏は、渡来系集団の中の有力氏族で、京都盆地北西部の桂川流域、葛野《かどの》郡を根拠地にしていた。今も、京都市右京区の「太秦《うずまさ》」の地名にその名が残っている。「書紀」の雄略紀に、秦氏が庸調として絹を収めうず高く積んだ、という同氏族が養蚕、織物を得手《えて》としていたことをうかがわせる話がある。桑園を開いているのだから、耕地の開発もしていただろう。

秦氏が拠った京都盆地北西部は、丹波の山並みへと続く。そこは、近世でも中部山岳地、その周辺とともにオオカミ神使信仰が盛んだった土地だ。それだけ、イノシシをはじめとする獣害に苦しんでいたのである。秦氏一族が、シカ、イノシシを捕食するオオカミに、敬意を払うようになっても当然だ。

大津父にとって、オオカミのけんかは、農業の守護神同士の争いだったのだ。争っているオオカミを見ると、まず手を洗い、口をすすいだのは尋常な態度ではない。

秦氏は農業を介して、オオカミを神使とする伝承、信仰を他の氏族より、明確な形で持っていたのだろう。ニホンオオカミが登場するこの逸話が「書紀」に残った上で、秦氏が平安京建設で重要な働きをした有力氏族だったことは、当然、大きな要素だった。

大津父に「貴き神」と呼ばしめたオオカミの姿は、その後、歌集、史書、物語や説話集から消えてしまう。しかし、秦氏とその周辺には、神性を帯びたオオカミ像が、なお伝わっていた可能性がある。現在、全国の神社の中で、社の数が一番多いと言われている稲荷《いなり》神社の使いであり、さらには、崇拝の対象にさえなっているキツネに、「貴き神」の末裔の姿をみることは、突飛なことではない。

「貴き神」と稲荷神社を結ぶ第一の絆は秦氏だ。大津父は、その一員であったし、稲荷神社を創建したことになっているのは、ほかならぬ秦氏だった。

全国の稲荷神社の総本社である京都の伏見稲荷大社は、元々は、稲荷山（二三三メートル）の上に神殿があったが、応仁の乱の兵火に焼失し、今のような西麓に移った。起源伝承が『山城国風土記』逸文に出ている。

▽（同神社を）「伊奈利《いなり》」と言う由来は、秦中家忌寸《はたのなかつやのいみき》等の遠祖、伊侶具《いろぐ》の秦公《はたのきみ》は、稲粟を貯えて富裕であった、そこで、餅を（弓の）的にしたら、白鳥になって飛んで行って山の峯に居り、稲が生えたので、社の名とした。その子孫は、（伊侶具が食物を的にした）過ちを悔い、社の木を

「貴き神」の末裔？
伏見稲荷大社の参拝者を迎えるキツネの像。

抜いて家に植え、祈り祭った。今、（社地の）木を（参拝者が持ち帰って）植え、根付けば福を得、枯れれば福がない。△

この逸文は、「延喜式神名帳頭註」が、「風土記に曰《い》はく」と、引用している。「頭註」には、室町時代、文亀三年（一五〇三）の卜部《うらべ》兼倶《かねとも》の署名がある。

ここでも、秦氏は、水田で栽培する稲、畑・焼畑でつくる粟を貯えた豊かな氏族だ。この逸文が、『風土記』に元からあったかどうか、疑問視する説があるが、中世、同神社に、このような伝承、信仰を伴うような雰囲気があったことは、うかがえよう。

「頭註」には、次のように稲荷神社の祭神に触れた部分もある。

〔稲荷、本社、倉稲魂ノ神也、此神素戔烏ノ女也、母ハ、大山祇神ノ女大市姫也、倉稲魂ノ神ハ、播ク二百穀ヲ一神也、故名ル二稲荷ト一歟〕（以上「稲荷神社志料」明治三七年、同神社の大貫真浦宮司編集発行）。

「倉稲魂《うかのみたま》ノ神」は、穀物、稲の神だ。

稲荷神社は、農耕、開墾にも通じていた秦氏が創建した、という伝承を中世になっても保っていた、農の神を祀る神社だったのである。これだけでも、同神社が、農作物の守護者としての「貴き神」像を伝えていた可能性はある。

秦氏は、代々同社の禰宜《ねぎ》、祝《はふり》も務めていた。

大津父は、オオカミの争いを仲裁したのが縁で富を得、後に大蔵の省《つかさ》になることができた。秦氏一族、同神社関係者が、この話を知らなかったはずはない。

第二の絆は、稲荷神社のはじまりは、山の神の社だった可能性があることである。

祭神も山とのつながりが深い。「頭註」によると、同神社が祀る「倉稲魂神」は、「素戔烏《すさのお》」を父とし、母「大市姫《おおいちひめ》」は山を司る「大山祇神《おおやまつみのかみ》」の娘だった。「頭註」では、同神社は「素戔烏」、「大市姫」も、祭神としている。「素戔烏」は杉、ヒノキ、クスなどの木を作ったという話が「書紀」にあるように山の神の性格を持っていた。

社殿は、元は稲荷山の上にあった。大津父が住んでいた「山背国深草里」は、稲荷山の南側ふもとである。稲荷山は、京都盆地の東に連なる山々の南端にあり、その位置、山容は、奈良盆地東南端の三輪山を連想させる。三輪山は、山自体がご神体だ。

「頭註」の風土記逸文では、伊侶具の子孫は、山上にある社の木を抜いて自宅に植えている。平安時代には、参拝者たちが「験《しるし》の杉」という境内の神木の枝を折って持ち帰り、願い事がかなうように祈っていた。一〇世紀後半、藤原道綱の母が書いた『蜻蛉日記《かげろうにっき》』にも「祈るしるしの杉をたのみて」と願いを込めた歌がある。このように木やその枝を持ち帰り、その地を治める神の力を借りるという形は、元々、山の神の信仰が伝えていた。

稲荷神社は、農の神であるとともに山の神の性格を備えていたのだ。その使いに、最初からキツネを置くのは、無理がある。現実に山を支配し、大型害獣のシカやイノシシを捕食していたのはオオカミだった。キツネにその代役は務まらない。キツネは、古代の説話でも、街道に出て人を化かしたり、里の周辺に出没している。さらにオオカミが男性的な荒々しさを体現していたのに対し、キツネは人の妻にも化け、女性的であった。猛々しい山の神の使いには、ふさわしくない。

稲荷神社は、平安時代、東寺《とうじ》の鎮守になった。同神社は、朝野の信仰を集め、一一世紀以降は、行幸が例となる。毎年二月、初午《はつうま》の日のにぎわいぶりは、平安時代後期の『今昔物語集』などに出ている。

稲荷信仰に触れたこの時代の文献には、その「使い」としてのオオカミもキツネも姿をみせない。「貴き神」は、秦氏とその周辺だけで語り伝えられ、公には出せなかったのではないだろうか。

しかし、平安時代にも、人々の間にオオカミを「神使」とみる空気があったことを示唆する文がある。「書紀」が、大津父が活動していたとして地名を出した伊勢に祀られ、律令時代、天皇以外には、勝手に幣帛《へいはく》を供えることもできなかった伊勢神宮についての話である。このことは、稲荷神社にも「貴き神」に由来する細い信仰の糸が残っていた可能性を示していよう。

伊勢神宮は、内宮《ないくう》と外宮《げくう》を合わせた呼び方であり、内宮の祭神は皇室の祖神である天照大御神、外宮の祭神は豊受大神《とようけのおおかみ》、つまり穀物、農業の神だ。

わが国の古書を収録した塙保己一《はなわほきいち》編纂『群書類従《ぐんしょるいじゅう》』に収載の「太神宮諸雑事記」から紹介する。「雑事記」は、内宮の神主、荒木田氏が書き継ぎ、平安時代末に成立した。

▽仁寿元年（八五一＝平安時代前期）八月三日、一日中大風が吹き、洪水となった。堂塔が倒れ、人家は損壊し、牛馬も死んだ。その大風の夜、豊受宮の禰宜、土主の家にオオカミが入って来て、十三歳になる男の子を食ってしまった。家中の者は、それを知らず、翌朝、見ると髑髏《どくろ》と左方の足がかまどの前に残っていた。

禰宜は、これを見て、急いで家を出、三七日《みなぬか》経て家に帰り、神事に供奉《ぐぶ》した。ところが、九月十四日、その禰宜の男の子が亡くなった。又、この月二十三日、妻がにわかに死んだ。同二年六、七月、しきりと天変があり、天皇が病になることがたびたびであった。それで、占わせてみると、太神宮で「死穢」に触れ、神事に供奉した祟りである、ということがわかった。禰宜には大祓《おおはらえ》を科し、任を解いた。△（『群書類従』の「太神宮諸雑事記」続群書類従完成会）

「雑事記」は、この後の箇所で、この禰宜がこの事件の前の承和六年（八三九）九月にも、「汚穢之過怠」により、上祓《じょうばらい》を科せられ、五ヵ月間、職を停止されたことがあった、と記し、「又件死穢事出來」、処分を受けた、と書いている。「又」には、非難の響きが感じられる。その一方で、この文は、人を殺したオオカミを、凶獣あつかいしてはいない。

江戸時代後期の国学者、平田篤胤《ひらたあつたね》（安永五年―天保一四年、一七七六―一八四三）もこの文のオオカミのあつかいに、不思議を感じたようだ。彼は、その書『玉襷《たまたすき》』で、禰宜が以前「汚穢《ケガレ》を犯し」て処分されながら「懲《コリ》ず在《アリ》たれば」男の子がオオカミに食い殺されたこと、その後「喪服ながらに神事を勤めた」ことを述べた後の割注で「これら凡《スベ》て神慮を恐《オソ》れざる所為」とし、事件の後、禰宜の別の男の子が死に、妻も亡くなった、「実に神罰畏《カシコ》むべき事なり」と続けた。この文脈の中では、オオカミが禰宜の子を殺したのも、「神罰」の一つだ。篤胤は別の箇所で『伊勢太神宮神異記』は、この事件について、神罰あらたかなこと、と評したことも紹介している。「雑事記」の禰宜の件を述べた箇所に、「神罰」の字は見当たらないが、オオカミへの態度は、その言葉を使った篤胤と相通じるものがある。『神異記』は寛文六年（一六六六）刊。

キツネが、稲荷神社の「使い」になったのは、中世・鎌倉時代になってからではないか。

室町時代のはじめには成立していたらしい『十二類合戦絵巻《じゅうにるいかっせんえまき》』には、「稲荷山の老狐」がでてくる。動物を「神使」として受け入れる時代風潮もあった。

奈良・春日大社のシカが、神聖視されるようになったのは、平安時代の末近くかららしい。同大社を氏神とする藤原氏の一員、中御門《なかみかど》右大臣藤原宗忠《むねただ》の日記『中右記《ちゅうゆうき》』でシカのあつかいが丁重になっていく様がうかがえる。

長治二年（一一〇五）、宗忠は、林の中でシカを見かけただけなのに、七年後の天永三年には、四〇～五〇頭ものシカが人を見て現れ、一緒に動き回っている。餌付けでもしていなければ、考えられない行動だ。藤原氏側のシカ神聖視が深まるにつれ、興福寺、大社側も、シカに手厚い保護を加えたとみえる。元永二年（一一一九）、宗忠はシカと出合うと車から下りて拝している。

稲荷のキツネの登場が、この流れと無関係であったはずがない。

キツネ信仰が平安時代に表面化しなかったのは、神社に、なおオオカミの影が残っていたからだろう。当然、キツネは、信仰に入り込めなかったし、一方、オオカミの方も、表で語られるような時代風潮ではなかった。中世になって、キツネが、稲荷信仰の中へ、いささか、唐突に登場したのは、このころに、オオカミと入れ代わったからではないか。

オオカミとキツネは、人間の側からみて重なるところが多々あった。どちらもイヌ科の動物で形が似ている。ともに大きな尾が人々の印象に残っていた。捕らえる主な獲物に大小の差はあるが、人間にとっては、どちらも、農作物の害獣を退治してくれる存在だった。稲荷神社の「使い」になったのが、他の動物ではなく、キツネだったこと自体が、その前身がオオカミであることをうかがわせる。

キツネは、わが国でも古くから不思議な力を発揮していた。稲荷信仰へのキツネの出現には、中国の影響も無視できないだろう。中世、鎌倉時代は、わが国が中国文明を広く導入した時期でもある。中国の書物の中で、キツネの霊

明日香村の「真神原」

集落の右端が飛鳥寺、その左の丘が香具山、遠く耳成山を望む。

力は、オオカミをはるかにしのぐ。

わが国でオオカミが背負っていたような禁忌《タブー》視も、キツネには無かった。キツネは、オオカミに代わって「神使」になるだけで、直ちに表舞台に出てこられたのである。

古代、わが国ではオオカミを「真神《まかみ》」とも呼んだ。

「書紀」の雄略天皇七年の条には、百済から渡来した工人を「上桃原《かみつももはら》・下桃原《しもつももはら》・眞神原《まかみのはら》の三所《みところ》に遷《うつ》し居《はべ》らしむ」という文がある。「眞神原」の地名は崇峻天皇元年の条にも出ている。蘇我馬子がわが国最初の寺、飛鳥寺を建てた時の話だ。「飛鳥衣縫造《あすかのきぬぬひのみやつこ》が祖樹葉《おやこのは》の家《いへ》を壊《こぼ》ちて、始《はじ》めて法興寺《ほふこうじ》を作《つく》る。此《こ》の地《ところ》を飛鳥《あすか》の眞神原《まかみのはら》と名《なづ》く。亦《また》は飛鳥《あすか》の苫田《とまた》と名《なづ》く。」

法興寺は飛鳥寺の別名である。平城京に移されてからは、元興寺となった。

「眞神原」は今の明日香村飛鳥、岡あたりと考えられている。『大和国風土記』逸文に、地名の由来に触れた次の文がある。

「むかし明日香《アスカ》の地に老狼在《オイオホカミアリ》て、おほく人を食《クラ》ふ。土民《ドミン》畏《オソ》れて大口《オホクチ》の神といふ。名《ナヅケテ》二其住處《ソノスメルトコロヲ》一號《イフ》二大口《オホクチノ》眞神原《マガムガハラト》一と云々。見《ミエタリ》二風土記一。（枕詞燭明抄　中）」（日本古典文学大系『風土記』）

これが本当に元の『風土記』にあったのかどうかは、疑問視されているが、奈良時代の天平宝字三年（七五九）までに作られた歌を集めた『万葉集』にも「眞神《まがみ》が原」の地名を詠み込んだ歌があり、その中にはオオカミを表す枕詞「大口の」をかぶせたものがある。

柿本人麻呂が、高市皇子《たけちのみこ》の殯《もがり》の時、作った巻の第二にある挽歌がその一つ。

「かけまくも　ゆゆしきかも　言はまくも　あやに畏《かしこ》き　明日香の　眞神《まがみ》が原に　ひさかたの　天《あま》つ御門《みかど》を　かしこくも　定めたまひて」（武田祐吉校註『萬葉集』角川書店）と以下に続く長歌である。

次は巻の第八の冬の雑歌にある「舎人娘子《とねりいらつめ》の雪の歌」。

〔大口の眞神《まがみ》が原に零《ふ》る雪は甚《いた》くな零《ふ》りそ家もあらなくに〕

舎人娘子は伝不詳だが『万葉集』巻の第二に舎人皇子《とねりのみこ》との贈答歌がある。舎人皇子は天平七年（七三五）、六〇歳で亡くなっている。

巻の第十三、相聞歌の中にある長歌。

〔三諸《みもろ》の神奈備《かむなび》山ゆ　との曇り　雨は降り來ぬ　雨霧《あまぎら》ひ　雨さえ吹きぬ　大口の　眞神《まがみ》が原ゆ　思《しの》ひつつ　還りにし人　家に到りきや〕

「大口の眞神」は、万葉人たちが抱いていた一つのオオカミ像を、ほうふつさせる。

『万葉集』には、地名として「眞神原」を取り上げたもの以外には、オオカミのことに触れた歌は無い。収められた約四五〇〇首の中にオオカミの害を嘆いたもの、その反対にシカやイノシシを追ってくれることを感謝した歌も無い。「狼」の文字さえ見当たらないのだ。シカは、恋の象徴、害獣として多く登場し、巻の第十一には「荒熊の住むといふ山の」と人里遠く暮らすクマさえ姿をみせているのに。

和銅六年（七一三）の中央官命により諸国が産物、地名の由来などをまとめて国に提出した『風土記』のうち、唯一完全に残っている『出雲国風土記』は、九つの郡ごとに生息する主な鳥獣の名も書き並べている。それによると、オオカミがいないのは狭い島根半島の三郡だけだ。出雲国府があった意宇《おう》郡にも、出雲平野が広がりクマはもう姿を消していた出雲郡にもいた。この風土記は動物名を紹介する場合、最初は常にクマである。オオカミは二番手か、あるいはそれ以下にした郡もある。これは、少なくとも当時の役人たちの動物観が反映したのだろう。

「風土記」は、出雲国のほか、常陸、播磨、豊後、肥前の国のものがそれぞれ全部ではないが、残っている。郡や郷、里ごとに分布する動植物を、常陸国のものは「猪《ゐ》・猴《さる》・狼《おほかみ》、多《さわ》に住《す》めり」（行方郡）。播磨国では、「狼《おほかみ》・熊《くま》住《す》めり」（宍禾郡）などと簡単に片付けている。現代に伝わる各「風土記」には、オオカミを神としたり、農業を守るものとしたりしたという話は無い。

「記紀」には、山の神が動物に姿を変えて現れる話がある。熊は、『古事記』に神武天皇が紀国《きのくに》に回って「熊野《くまの》の村に到りましし時」、「大きなる熊」が山の草木の間から現れ、一行は皆病んで伏せてしまう、という役で出てくる。『古事記』の序で太安万侶《おおのやすまろ》はこの「大熊」を、「化熊」、つまり神の化身と呼んでいる。この神は、熊野の山のまつろわぬ神のことだろう。

倭建の命（「書紀」では日本武尊、やまとたけるのみこと）の西征、東征は『古事記』の中で最も躍動的な物語の一つである。東国各地の荒ぶる蝦夷《えみし》を平らげ、山河の荒ぶる神々を和らげた命《みこと》が大和へ帰ろうとして足柄山の坂のふもとで食事をしていた時、坂の神が白い鹿に化けてやって来た。そこで命は食べ残していた蒜《ひる》の片端をぶつけ、目に当てて打ち殺した。

さらに命《みこと》は尾張の国にいたり、伊吹の山の神を退治に行った。「この山の神は素手で取ろう」と言ってその山に登った時、牛のように大きな「白猪《しろゐ》」に会った。「この白猪になっているのは、神の使者だろう。今殺さなくても、帰る時に殺そう」と高言した命《みこと》に（山の神は）大雨を降らして打ち惑わす。

白猪に化けていたのは使者ではなくて神自身であり、命の大言を怒《いか》った、と解釈されているところだ。

「書紀」では、日本武尊が、山の神が化した白い鹿に出会ったのは、信濃の山中を行軍していた時だ。伊吹山の神は「大蛇《をろち》」になっている。

このように「記紀」には、朝廷、国家に敵対し、まつろわぬ山の神の化身として、クマ、シカ、イノシシに大蛇も登場するが、オオカミは姿を見せない。当時の人々にとって、山にいる動物の中で凶暴なものといえば、オオカミこそ、その最たるものであったはずだが……。

❖万葉の野❖

「記紀」や『風土記』、『万葉集』が描くそのころの風景の中では、村里の周辺はもちろん、都の近くにさえ「野」が広がっていた。

「野」は、平らな所とは、限らなかった。

『万葉集』巻の第一の「輕《かる》の皇子《みこ》の安騎野《あきの》に宿りたまひし時、柿本朝臣人麻呂の作れる歌」に「み雪降る　阿騎《あき》の大野に　旗薄《はたすすき》　小竹《しの》をおし靡《な》べ」と出ている「安騎野」のあたりと考えられている現在の奈良県宇陀《うだ》市大宇陀区の阿紀神社周辺は、波が重なったような丘陵地だ。当時はススキやササが密生していたのだろう。安騎野は、そのころ狩り場としてよく知られていた。

「記紀」、『万葉集』に出ている「野」は、このような丘陵や台地の上、山すそが多く、なだらかな山腹にも広がっていた。

「野」を詠った歌に出てくる植物の種類、その組み合わせも「野」の光景をほうふつさせる。

『万葉集』に最も多く登場する花は萩《はぎ》（芽子）だ。萩は、日当たりのよい開けた所に生える。

巻の第八にある「山上臣憶良《やまのうえのおみおくら》の、秋の野の花を詠める二首」。

〔秋の野に咲きたる花を指折《ゆびを》りてかき數《かぞ》ふれば七種《ななくさ》の花〕

春野焼く光景

ススキの野を蘇らせる山焼き。かつては採草地を維持するために必要な春先の作業だった。(奈良県曽爾村の曽爾高原で)

〔芽子《はぎ》の花尾花《をばな》葛花《くずばな》瞿麦《なでしこ》の花　女郎花《をみなへし》また藤袴朝貌《あさがほ》の花〕

尾花はススキであり、瞿麦はカワラナデシコ。葛花は、マメ科のつる性植物であるクズ。山火事などで森林が消えるとすぐに生えてくる植物の一つだ。大きな葉で地面をおおい、木にも巻きついて森の周りを幕のように取り囲む。林縁や草地、ヤブなどの植物だ。

朝貌は、キキョウ説が優勢だ。藤袴は中国から入っていた今のフジバカマではなく、姿が似ているヒヨドリバナの類ではないか。どれも陽光をさえぎる木立が無い土地に生える。

秋の七草は、「野」を代表する植物でもあった。

萩の花を、万葉歌人が多くの歌に取り上げたのは、生活の場の周りに「野」が広がっていたからだろう。

「野」は、採草地でもあった。草は、耕地に入れる肥料として重要であり、家の屋根をふいた。

巻の第七の「草に寄する」いくつかの歌は、草刈りの様子を描いている。

〔葛城《かづらき》の高間《たかま》の草野《かやの》はや領《し》りて標指《しめさ》さましを今ぞ悔しき〕

〔君に似る草と見しよりわが標《し》めし野山の浅茅《あさじ》人な刈りそね〕

「標《しめ》」は刈る権利の目印。古代にも、農民が場所を取り合わねばならないほど、草が必要だったのだ。

『万葉集』には、草地を保つため「春野焼く」光景を詠った歌もある。

万葉人は、灌木が生えてきて、向こう側が見通しにくくなってきたような所も「野」に含めていたようだ。たとえば、ウグイスは、ヤブや木立の中にいる鳥だが、『万葉集』には、それが、「野」で鳴いている、という歌もある。

「野」のかなりの部分は、放置された耕地や採草地、ないしは焼畑の跡だったのではないか。

万葉人たちが、ある土地を「野」と呼ぶかどうかは、地形が比較的なだらかであることに加え、森林や本格的なヤブでないこと、つまり草地、あまり密でない灌木地、疎林などであることが要素だったようにみえる。

『古事記』では、水源を支配し重要な山の神、大山津見《おほやまつみ》の神に続いて野の神、鹿屋野比売《かやのひめ》の神、またの名は野椎《のづち》の神が生まれている。「野」は、万葉人の精神世界でも、大きな位置を占めていた。

その「野」には、シカが多いことを、万葉時代の人々は、おそらく自身の体験からも、知っていた。

『万葉集』巻の第十「鹿鳴《しか》を詠める」十六首の中の一首。

〔秋芽子《はぎ》の咲きたる野邊はさを鹿ぞ露を別《わ》けつつ嬬問《つまどひ》しける〕

万葉人は、ハギをシカの妻と考えていた。シカと組み合わせている植物はススキやオミナエシもある。どれも、草地、「野」の花だ。

『万葉集』では、害獣のもう一方の雄、「猪」が出てくる歌は、シカの十分の一程度だ。しかし、「野」を含めた環境を考えれば、生息数はこの数字通りではなかっただろうし、農作物への害の大きさということになれば、近世以降の例からしても、両者の比重は、逆転していただろう。イノシシには、草地よりそれがヤブ化したところの方が、利用価値は高い。彼らには、地中の食物も重要なのだ。

「野」はシカやイノシシを養っていたのである。

「野」の広がりからみても、万葉時代、シカ、イノシシなどが農作物に与えた害は大きかったはずだ。

「書紀」巻第一神代上に大己貴命《おおあなむちのみこと》、つまり大国主神と少彦名命《すくなびこなのみこと》の二神が鳥、獣、昆虫の災いを払うためのまじないの法を定め、百姓は今にいたるまで恩恵を受けているとあるのは、それらの害に悩んでいたことを物語っている。

『万葉集』には、獣害の存在、どんな所が荒らされたかまでを示した歌がある。

次は、巻の第十二にある「物に寄せて思を陳ぶる」歌の一つ。

〔靈合《たまあ》へば相宿《ね》むものを小山田の鹿猪田《ししだ》禁《も》るごと母し守《も》らすも〕

「鹿猪田」はシカやイノシシが荒らしに来る田である。山の鹿猪田を守るように母親が見張っているため恋人に会えないと、乙女が嘆いている。

巻の第十六「由縁ある并せて雑の歌」

〔新墾田《あらきだ》の鹿猪田《ししだ》の稲を倉に藏《つ》みてあなひねひねし吾が戀ふらくは〕

「新墾田」は、新しく開発した田、「あなひねひねし」は、本当に古いひね米のようになったという意味だ。

山の田や新たに開いた田は、獣が荒らす所と、一般的にも考えられていたことがわかる。

『万葉集』には、農作物の番をする様子を詠んだ歌もいくつかあり、歌中にある「蚊火《かひ》」は、シカやイノシシを追うため蚊除けを兼ねて焚いていた火、「香火屋《かひや》」（鹿火屋）はそれを置いていた田の番小屋と考えられている。

万葉歌人たちが、哀愁を感じたシカの鳴き声も、寝ずの番をしている農民の耳には、決してそのようには聞こえなかっただろう。

獣害が大きければ大きいほど、それを追うオオカミに対する農民たちの思いが、怖さ、うとましさを感じながらも、感謝、親近感へと傾いていったとしても、自然な流れである。

「野」のシカ、イノシシの後ろには、オオカミがいた。万葉人たちは、当然、そのことを知っていたと思うのだが、山部赤人《やまべのあかひと》の歌、「春の野に菫《すみれ》採みにと來《こ》し吾ぞ野をなつかしみ一夜宿《ね》にける」（巻の第八）に、オオカミへの警戒をみることはできない。これもまた、万葉人たちが抱いていたオオカミ像の一面だったのであろう。

❖六国史❖

勅により平安時代前期までに編集された六つの正史「六国史《りっこくし》」のうち「書紀」の後の五つの史書からオオカミの記録を抜き出してみよう。

「書紀」の次に成立した『続日本紀《しょくにほんぎ》』は、平安時代のはじめ、延暦一六年（七九七）に完成された。奈良時代のほぼ全期間の記録だ。

巻三十三、光仁天皇の宝亀五年（七七四）一月二十五日。

「山背ノ国言ス。去年十二月、管内乙訓ノ郡乙訓ノ社ニ於テ、狼及ビ鹿多ク、野狐一百許リ、毎夜吠ヘ鳴ク。七日ニテ乃止ムト」（新訂増補　國史大系『續日本紀』吉川弘文館、読み下しは、次も筆者）。

同年六月五日。

「山背ノ国乙訓ノ郡乙訓ノ社ニ、幣ヲ奉ル。犲狼之恠ヲ以テナリ。」

「恠《かい》」は、「怪」の俗字である。どんな「怪」だったのか、同書にその説明は無い。

承和七年（八四〇）に成立した、平安時代初期についての記録『日本後紀《にほんこうき》』には、桓武天皇時代の大同元年（八〇六）二月二十日、「皇太子傅大伴宿祢弟麻呂」が提出した「上表」が出ている。その中での「狼」のあつかいは、これらの史書の中では、異色である。

「今年逮二八十一。進退不レ便。自悲老狼。前却失レ據。疾侵力衰。」（同『日本後紀　續日本後紀　日本文徳天皇實録』）

弟麻呂は、年老い衰えた自分を譬《たと》えた「老狼」の邪悪性を意識していないようにみえる。彼が強さと俊敏さを象徴させた「狼」は、わが国の獣王、ニホンオオカミだろう。

『日本後紀』には、嵯峨天皇の代の弘仁二年（八一一）八月十六日、オオカミが兵器製作を担当する役所である造兵司に入ったが、殺された、との記述もある。

〔是日。有レ狼入二造兵司一。爲レ人所レ煞。〕

元慶三年（八七九）に完成した『日本文徳天皇実録』にある次の話は、史書に残る、オオカミが人を襲った最古の記録である。

斉衡二年（八五五）九月九日。

〔是夕。東宮有レ狼害レ人。明旦有レ人射殺。〕

六国史の最後の『日本三代実録』には、オオカミが登場する三つの逸話がある。

清和天皇の貞観一七年（八七五）五月二日。

〔伯耆國言。有レ牛生レ犢。一身兩頭。三眼三角二口。面各相背。遍身灰色。既産之後。母爲レ狼被レ害。犢亦死。〕

陽成天皇の代の元慶五年（八八一）十二月八日。

〔夜有レ如二狼聲一。吠二於太政官曹司廳一。〕

光孝天皇の代の仁和二年（八八六）九月二十七日。

〔賀茂神社邊有レ狼。喫二煞人一。行人相逢。以レ刀刺殺。〕（同『日本三代實録』）

五つの正史がつづる奈良時代から平安時代前期までの約一九〇年間に、オオカミが人を害した例は、二件だけだ。時には、宮殿にも侵入しているように、都の周辺でもオオカミは、珍しくはなかったはずだ。それでも狼害記録がごく少ないのは、おそらく、私たちが想像するほどには、当時、オオカミの人間襲撃が無かったことの反映ではないか。

❖平安時代❖

平安時代に入ると、文字の使用が可能だった文化人層によるオオカミへの態度はいよいよ冷淡、無関心になっていったようにみえる。

平安時代の前期、一〇世紀のはじめごろ、完成した初の勅撰和歌集『古今和歌集』には、実際の農作業体験、農民と共有している生活感を詠んだ歌は乏しい。

「古今集」に、オオカミは出てこない。「古今集」に出ている野生の獣は、姿が端正で鳴き声に歌人たちもあわれを感じたシカぐらいである。オオカミは、農民の生活の現実と同じく、優美さを求めた宮廷貴族らの美的精神世界からは、積極的に排除すべきものとなったようだ。『万葉集』の歌人は、「書紀」には「真神原」と出ている土地を指して「大口の真神が原」と詠んだ。「大口の」をつければ、この地名がオオカミに由来していることを、意識せざるを得ない。そうすることにも、「古今集」の歌人たちなら抵抗があっただろう。

『新古今和歌集』は、「古今集」から約三百年後、鎌倉時代前期の元久二年（一二〇五）に成立した。

やはり、「新古今集」にも、いかなる形であれ、オオカミに触れた歌は皆無である。

その後も、歌人たちは、両歌集が示しているオオカミのあつかい方の枠を、越えることはなかった。平安時代から中世にかけて、和歌が貴族、知識人たちの教養の中に占めた大きさを考えると、彼らが書き残した物語なども歌集が内包するオオカミ観の規制下にあったことは、見落とせない。

平安時代中期、一一世紀はじめに完成した紫式部の『源氏物語』に、オオカミはふさわしくないようだが、次のように、その名が出ている。

須磨の巻「虎《とら》・おほかみだに泣《な》きぬべし」

若菜上の巻「かひなき身をば、熊《くま》・狼《おほかみ》にも施《（せ）》し侍りなん」（日本古典文学大系）。

前者の「虎・おほかみ」は、中国で作られた語「虎狼」を連想させる。後者は、深い山に隠遁しようとする明石入道の手紙の一節だ。「死んだら、これらの獣に食われてもよい」と覚悟のほどを示している。「熊・狼」としたのは、式部も、日本の山に現に生息している動物なら「虎狼」ではおかしいと思ったからだろう。

清少納言の『枕草子』は、四系統の本が伝わっており、「能因本《のういんほん》」を底本にして現在刊行されている本には、「名おそろしきもの」の中に「おほかみ」が入っている。これに対し、作者の初稿本と考えるのが通説となっている「三巻本」には、「名恐ろしきもの」に「おほかみ」は無い。

清少納言が、一条天皇の中宮・定子《ていし》に仕えて宮中にいたのは、九九〇年代前半から一〇年間ほどのようだ。この間に、彼女の身近な所で、オオカミが出没していた可能性がある。

平安末期に成立した『日本紀略』の一条天皇の代の長徳四年（九九八）六月二日。

〔辰刻。鹿爲レ狼被レ追二入中院一。〕（『新訂増補　國史大系』）

中院は、中和院の略と考えられる。内裏のすぐそばだ。早朝でも大騒ぎだっただろうと思われるが、前述した二系統の現刊行『枕草子』には、この件の記述が見当たらない。「風は嵐」が良い、と書くこの勝ち気な才女は、オオカミの出現に何を思ったのだろうか。

『日本紀略』は正史ではなく、編著者も不詳な史書だ。神代から後一条天皇（在位一〇一六―一〇三六）までを取り上げている。

村上天皇の代の天徳元年（九五七）九月二十五日。

〔右京職言上。學館院北町豺狼噛二煞女三人一。〕

右京職は、都の西半分を担当する役所。學館院は、大内裏に近い右京二条西大宮の近くにあった。

冷泉天皇の代の安和元年（九六八）三月二十六日。

〔狼自二春宮坊西門一入二中院一。爲二瀧口武者一被二射煞一。〕

春宮坊は、皇太子つきの役所、瀧口は宮中の警備を担当した部署だ。

平安時代には、貴族、知識人の手になったにせよ、庶民の間の出来事も拾い上げた説話集が書かれている。

『日本国現報善悪霊異記』（『日本霊異記』）は、平安時代の初期、八二二年ごろ、成立したと考えられている最古の仏教説話集だ。盗みをしたり、仏法修行を妨げたりなどした人が生まれ変わったウシやサル、執念深さを象徴するヘビ、狩猟の対象としてのシカ、イノシシなども名が出てくるが、オオカミは、奥山にいるクマとともに、人の生まれ変わりになることもない（板橋倫行校注『日本霊異記』角川書店）。

『今昔物語集』は、「霊異記」から約三百年後の平安時代後期、一二世紀前半に成立したとされる。同書にある「母牛、狼を突き殺しゝ語」は、古代においては、他に類例が無いオオカミの貴重な観察記録だ。

▽「今は昔、奈良の西の京邊《きょうわたり》に住みける下衆《げす》の、農業《なりはひ》の爲に特牛《ことひ》を飼ひけるが、子を一つ持ちたりけるを、秋ごろ、田居《たゐ》に放ちたりけるに、定りて夕さりは小童部《こわらべ》行きて追ひ入れける事を、家主《いへあるじ》も小童部も皆忘れて追ひ入れざりければ、その牛、子を具して田居に食ひ歩きける程に、夕暮方に大きなる狼一つ出で来て、この牛の子を食はむとて付きて廻《めぐ》り歩きけるに、母牛、子をかなしむが故に狼の廻るに付きて、子を食はせじと思ひて、狼に向ひて防ぎ廻りける程に、狼、片岸の築垣《ついがき》のやうなるがありける所を後にして廻りける間に、母牛、狼に向ひざまにて、俄《にはか》にはたと寄りて突きければ、狼、その岸に仰様《のけざま》に腹を突き付けられにければ、え動かでありけるに、母牛は放ちつる物ならば、我は食ひ殺されなむずと思ひけるに、力を發《おこ》して後足を強く踏み張りて、強く突《つ》かへたりける程に、狼はえ堪へずして死にけり。牛それをも知らずして、狼は未だ生きたるとや思ひけむ、突かへながら、終夜《よもすがら》秋の夜の永きになむ踏み張りて立てりければ、子は傍に立ちてなむ泣きける。」

　ところが、この様子を目撃していた者がいた。主の隣家の小童である。彼も、いつものように牛を家に入れようと思い、田に行って、オオカミが牛の周囲を回っていたのは、見たのだが、幼い子であるし、日も暮れるし、牛を追って帰ったものの、何も話さなかった。朝になって牛を入れなかったのに気付いた主が、「昨夕は、牛を入れなかった。遠くに行ったのでは」と言っている時、その小童が、「牛の周りを、オオカミが回っていた」と言った。それを聞いて主が驚き、騒ぎながら行って見ると、牛が大きなオオカミを崖に突き立て、身動きせずに立っていた。子牛は、そばで鳴きながら、ふせていた。母牛は、主が来たのを見てオオカミを放した。主は、これを見てびっくりしたが、オオオカミが来て食おうとしたので、崖に突きつけ、放せば殺されると思って終夜放さなかったのだ、と納得し、「大変賢い奴だ」と牛をほめて連れて帰った。△（佐藤謙三校註『今昔物語集　本朝世俗部』角川書店）

奈良の西の京は、かつての平城京右京。

この話で意外なのは、隣家の小童が、オオカミを見ても、逃げたり、騒いだりしていないことだ。それどころか、オオカミが出たことを、じきに忘れてしまう。当時、オオカミは、姿を現しただけで、人々が恐慌状態に陥るような、おどろおどろした凶獣ではなかったことをうかがわせる。

平安時代にも、農民層には、オオカミに対する親しみ、あるいは畏敬のような感情があったことを言うには、獣害に苦しむ農民たちの姿を示せば足りるだろう。

平安時代中期─末期の一〇─一二世紀は、古代における開拓時代である。しかし、せっかく開いた田も、苛税や社会混乱などによる住民の逃散《ちょうさん》もあり、荒れ、放置されることが多かった。平安時代中期、天暦四年（九五〇）作成の『東大寺封戸《ふご》庄園《しょうえん》並《ならびに》寺用帳《じようちょう》』に出ている全国の東大寺所有田地のうち現実に耕作されているのは、六％余しかない、という記録（石母田正『中世的世界の形成』岩波書店）にも、そうした事情の一端がみえる。

人の手が入らなくなった水田には、やがて草、灌木が生えシカやイノシシを引きつける。筆者は、一九九五年ごろ、奈良県桜井市の三輪山ふもとで、地元の人から「山際の田が休耕され、放置されてからふもとにイノシシが出て稲を荒らすようになった」という話を聞いた。荒れはじめた休耕田が、イノシシを呼んでしまったらしい。谷の奥にある休耕田に行ってみると、一面、ミミズを探すイノシシに掘り返され、畔《あぜ》は崩されていた。

野も各地に広がっていた。

このような環境がシカやイノシシを跋扈させないはずがなかった。

平安時代中ごろの一〇世紀後半、歌人として知られる藤原道綱の母がつづった『蜻蛉日記』には、シカ追いに疲れた農民の姿が描かれている。筆者が琵琶湖から流れ出る瀬田川に面した滋賀県大津市の石山寺に籠《こ》もった時の体験だ。

季節は夏、陰暦七月の月の夜である。堂の中にいた筆者の耳にシカの鳴き声が聞こえ、続いて遠くで別の声がした。

〔見やりなる山のあなたばかりに、田守りの物追ひたる声、いふかひなく、情なげに、うち呼ばひたり。〕（柿本奨校注『蜻蛉日記』角川書店）

平安時代は、和歌の無視が象徴する、宮廷貴族を中心とした知識人のオオカミへの対し方が固まった時期といえるだろう。農民層を基盤にしたオオカミ像との距離が広がった時期でもあったようだ。

❖中　世❖

中世を、ここでは、鎌倉時代（一一八五～）から室町時代（～一五七三）までの約四〇〇年間としておきたい。

中世は、社会の枠組みが、大きく揺れ動いた時代だった。市《いち》が常設化しオオカミ像の語り手として街の住民が登場する。数はわずかだが、ニホンオオカミの姿を描いた文献も出てくる。

鎌倉時代末、一三三〇年ごろの成立と考えられている吉田兼好の『徒然草』にはヘビ、イヌ、キツネ、「猫また」の噂話まで出ているが、オオカミの名は、ここでも見られない。

鎌倉時代に原型ができ、南北朝時代に定型化したとみられている『曾我物語』の巻第一「奥野《おくの》の狩《かり》の事」では、オオカミが巻き狩りの獲物の一つになっている。

〔七日がうちに、猪《いのしゝ》六百、鹿《かのしし》千頭《せんかしら》、熊《くま》三十七、鼯鼠《むさゝび》三百、そのほか、雉《きじ》、山鳥《やまどり》、猿《さる》、兎《うさぎ》、貉《むじな》、狐《きつね》、狸《たぬき》、豺《さい》、大かめの類《たぐひ》にいたるまで、以上その數《かず》二千七百あまりぞ、とゞめられける。〕（日本古典文学大系、岩波書店）

「大かめ」とは、オオカミのことである。

「物語」の後の方には、狩りが催された野に、十郎が命を落とし、葬られた跡を尋ねた妻の虎女を案内した土地の翁が、「夜になれば、此所には、狼《おほかめ》と申《（まうす）》物、道《みち》ゆく人をなやまし候《（さうらふ）》。御とゞまり候て、かなふまじく候」と、自宅に泊まるよう勧める場面がある。ここでもオオカミに特別あつかいはない。

室町時代前期には完成していた『十二類合戦絵巻』では、ニホンオオカミが生身の姿をみせる。

▽ある年の十五夜、十二類（十二支）の動物たちが、月を題として歌合を開いているところへ狸を伴にした鹿が来て判者になろうと申し出る。歌合の後、十二類は、酒宴を開いて鹿の労をねぎらう。後日、十二類はまた歌合を催そうとし、鹿が判者を辞退したので、狸が押し掛けて申し出たが、追い返される。狸は、これを恨んで戦いを起こそうとする。「一門の猫（まみ＝アナグマ）の權守《ごんのかみ》稲荷山《いなりやま》の老狐熊野山《くまのさん》の若熊蓮臺野《れんだいの》の狼」などがこれに応じた。軍議を開くと、「はやりの狼すゝみいてゝ」「かやうの事勝ちにのるにはしかす」と夜討ちを主張し、みんな賛成する。十二類は、このことを伝え聞いて、狸方の城へ押し寄せた。寄せ手から鼠が進むと、城内からは猫が出て来たので寄せ手の犬が城へ追い入れる。「其時狼もとより逸をの武者なれは犬とくまむとはせ出るを寄手の虎落合ておほ犬をはうちとりぬ」。城方は、頼みとする狼を討たれて心細くなり敗退、ちりぢりになる。

この後、狸は、鳶《とび》にそそのかされ、「猫の權守」、「稲荷山の老狐」、「熊野山の若熊」と語らい、さらに「狼に嫡子野狗《のいぬ》の太郎」も、「父か骸をとりて孝養せむとしけるか蓮臺野は程も遠し三昧はいつくも同事なれはとて延年寺へをくらむとしける所へ告けれは親の敵に二たひあはむ事を悦て葬禮をさしをきて」企てに合流する。狸方は、酒を飲んで野宿している十二類方を夜襲、愛宕山に立て籠もるが、十二類に攻められて再び敗れる。その後、狸は法然上人の門流をたずねて出家する。△（『日本繪巻物全集』第一八巻、岡見正雄「御伽草紙繪に就いて—十二類合戰繪巻・福富草紙・道成寺縁起繪巻を通じて—」角川書店）

後花園天皇の父、後崇光院（応安五年—康正二年、一三七二—一四五六）の日記『観聞御記《かんもんぎょき》』には、永享十年（一四三八）、（天皇から）「十二神繪《畜類歌合》」を下され、見て返したこと、嘉吉元年（一四四一）にも「自内裏十二神繪給。室町殿被進云々」と、この絵巻を、将軍が献上していたことが、出ている。オオカミのあつかいを含めた内容を、天皇も将軍も知っていたのだ。

この絵巻に出てくるオオカミは、何よりも血気盛んで、強く、怖れを知らぬ武者である。この点は、クマに抜きん出ている。

彼らは、気味悪い一面もみせる。「蓮臺野」は、京の船岡山の西にあり、都の葬送地の一つだった。「蓮臺野の狼」という名乗りは、オオカミが、捨てられた人の死体を狙って墓地に出没していたことに由来しているのだろう。死体あさりは、野犬もやっていた。人間の側では、墓場の両者を、明確には区別していなかった、あるいは、できなかったようにもみえる。オオカミが、「虎」に討たれる場面では、初めは「狼」なのに、後には「おほ犬」と呼んでいる。「おほ犬」は大きな犬だろう。十二類側に犬が参加しているのに、「狼に嫡子野狗の太郎」がいることになっているのも、両者の混同の一証である。

死体あさりは、人々に、かんばしい印象は与えなかったはずだ。それでも、オオカミはりりしい武者の姿を保っていた。

❖仏　教❖

『続群書類従』に入っている「伯耆國《ほうきのくに》大山寺縁起」には中世農民たちの見方を反映していると思えるオオカミの姿が出てくる。大山寺《だいせんじ》は現在、鳥取県大山町の大山（一七二九メートル）のふもとにある。「縁起」は、昭和三年（一九二八）に寺の火災で焼失した「大山寺縁起絵巻」の詞書《ことばがき》だ。文中に鎌倉時代末の「応長元年」（一三一一）の年号が出、室町時代初めの応永五年（一三九八）、書写したことが記してある。

▽出雲国国造という所に猟師がいた。名は、依道と言った。美保の浦で、金色のオオカミを見付け、ここ（大山）の洞に追い入れて、ただ一矢で射殺そうとした。その時、矢先に地蔵が現れたので、道心がたちまちに起こり、（まげの）もとどりを切り、弓矢を捨てて（出家し）修行に努めた。その金色の獣は、尼に姿を変えて三世（前世、現世、来世）

の縁のことを説き、依道は、行を重ねて金蓮聖人と言われるようになり、南の山に南光院を、西の谷に西明院を建てた。△（『續群書類従』続群書類従完成会）

「縁起」より前の鎌倉時代中ごろ、一三世紀半ばの成立と考えられている仏教説話集『撰集抄《せんじゅうしょう》』の「伯州大智明神（ノ）事」では、獲物は鹿であり、弓の達人、俊方が（矢を射て）みると、自分の持仏堂の地蔵だった、俊方は泣き叫び、もとどりを切り、我が家を堂にして、その後は殺生をやめた、という筋書になっている。

『撰集抄』の伝承によく似たものは、平安時代後期の『今昔物語集』にもある。母の生まれ変わりであるシカを射て、出家した男の話だ。

大山寺の開山由来で、獲物がシカからオオカミに代わった所以《ゆえん》は、分からない。そもそも、危険で獲物としての魅力は乏しいオオカミを、狩りの対象とすることが不自然だ。

なだらかな傾斜が広がる大山山麓は、現在でも畑作の比重が大きく、近代になってもオオカミ神使信仰があった地域である。「縁起」は、猟師が射た、あるいは、射ようとしたシカが実は仏《ほとけ》、聖《ひじり》などだったという、当地にも伝わってきた仏教説話に、大山周辺に流布していたオオカミ神使視が取り入れられ、シカがオオカミに入れ代わって成立したのではないか。

しかし、「大山寺縁起」がオオカミに備えさせた善的、神的な性格は、古代からのわが国仏教界でのオオカミのあつかい方としては異質だった。仏教界のオオカミへの態度は、一言で言うと、「無視」だ。はっきりと凶獣視した中世文書も残っている。

室町時代の応仁元年（一四六七）に始まり、一一年間続いた応仁の乱の前後に、奈良・興福寺大乗院第二十七代尋尊《じんそん》ら三人の門跡が書いた日記は、明治以後まとめて『大乗院寺社雑事記』と呼ばれている。その中にオオカミの記録がある。

『尋尊大僧正記』の長禄二年（一四五八）五月二十七日。

〔神鹿共大鳥居ニマトマリテ、向東テ如狼ニホユ云々、又於北円堂壇上テ、狼ホユト云々〕（『増補　續史料大成』臨川書店）

▽神鹿たちが大鳥居に「マトマリテ」東に向かい、オオカミのように吠えた、また、北円堂の壇上でオオカミがほえた、と言う△。

「マトマリテ」は、「纏（まつ）わる」、つまり、「まつ《（と）》わりつく」という意味か。

同寛正二年（一四六一）九月十七日。

〔近日狼減増以外也、夜々自野上方奈良へ出云々、仍為衆中・六方沙汰相催奈良中、雖為狩取不見付云々、凡希代事也云々〕

▽このごろのオオカミの「減増」は、とんでもないことだ。夜毎に「野上」から奈良へ出ると言う。そこで寺の若衆らに命じて狩り獲ろうとしたが、見つからなかった。希代のことだ。△

「雑事記」は、オオカミを明確に、凶兆と位置づけていた。

同寛正二年十月二十八日。

〔去比ヨリ村狼夜々倍増、仍奈良中鹿共減少、爲寺門爲國不吉事歟、珍事〳〵、二十疋三十疋相烈云々〕

▽このごろ、村にオオカミが夜毎に倍増している。そのため奈良のシカが減った。寺門のため、国のために不吉なことではないか。めったにないことだ。二十匹、三十匹が互いに威を振るっているという。△

同文明十四年（一四八二）十一月晦日。

〔此秋比ヨリ狼増倍、夜々神鹿減之、取捨分鹿二百五十疋、先日事ナリ、其後又捨之、在々所々全躰モ無之ハ、白骨計山野ニ散失了、惣而如此例無之、増倍ハ火事兵乱之相也云々、可恐〕

▽この秋ごろからオオカミが倍に増え、毎夜、神鹿を減らして、先日は、とり捨てられた鹿が二百五十匹あった。その後も捨てられ、ここかしこと、白骨だけが山野に散らばっている。こんなことは無かった。オオカミの倍増は、

奈良公園のシカ

火事兵乱の相と言う。恐ろしいことだ。△

同文明十七年（一四八五）五月二十五日。

〔近日神鹿共於在々所々狼喰之、不吉事也、先年如此之時佛地院焼失等在之〕

▽このごろ、神鹿をそこここでオオカミが食う。不吉なことだ。先年、こんなことがあった時は、仏地院の焼失などがあった。△

同明応六年（一四九七）十月二十七日。

〔夜前西方院山邊村狼在之、近日所々増倍云々、□火事兵乱事也、近日儀乍謂兵乱不及合戦没落了、此上ニ又可有兵乱歟〕

▽昨夜、西方院の山辺の村にオオカミが出た。最近、ここかしこで倍増していると言う。火事兵乱（を告げる）事だ。最近、兵乱が起きると言われながら、合戦に及ばず、止めになったが、この上に又、兵乱があるのだろうか。△

同明応七年（一四九八）六月四日。

〔去朔日夜狼二三疋社頭之御供所ニ入吠畢、前代未聞希有事也、祇候神人以下令迷惑云々、權預祐松説也惣而自社頭南方ニ村狼吠者、國中之大事凶也、自社頭北ハ寺門凶之由申習、只今事ハ寺社凶也、珍事可如何題目出來哉〕

▽去る一日夜、二、三匹のオオカミが、春日大社社頭の御供所に入り、吠えた。前代未聞稀有のことだ。神主たちを困惑させた、という。祐松が言うところでは、だいたい社頭より南でオオカミが吠えると、国に凶事が起きる、社頭より北の時は、興福寺の凶の兆しと言い習わしている。今度は、興福寺、春日大社の凶だ。どんなことが出て来るのか。△

「雑事記」がオオカミの増加に驚いている箇所を、年代順に並べてみると、一四六〇年代はじめと八〇年代前半、九〇年代後半の三つの山にまとまる。一番目の山から二番目までは、約二〇年、二番目から三番目までは一〇年余りだ。生息数の大きな変化はえさとの均衡を破り、ひいては人との紛争につながる。次の悲劇も、オオカミたちが逼迫した時、起きたのだろう。

興福寺多聞院の僧が記した『多聞院日記』の永禄一二年（一五六九）三月四日。室町時代の末だ。

〔舊冬ヨリ至于今、狼以外增倍〆ナク、近年不覺依之寺内近邊方々ニテ鹿クヒ殺了、於南大門ニ乞食ノ病者ヲ取了ト、招大逆亂相也ト、咲止々々〕（『增補　續史料大成』）

▽昨冬から今に至るまで、オオカミがとんでもなく増え、近年は覚えがないほどだ。寺内近辺の方々でシカを食い殺した。南大門では、乞食の病者を取って食ったという。大逆乱を招く相という。ばかばかしいことだ。△

うち続く戦乱も、オオカミの数の変化に一役買っていた可能性がある。ロシアの動物学者、ヴィタリー・ビアンキの小説『オオカミおじさん』では、猟師が「ごしょうちのように戦争がありましたが、オオカミは戦争ってやつが大すきでね、あれ以後、あちらこちらでやたらとふえているんですよ」（樹下節訳『ビアンキ動物記3』理論社）と説明する。犠牲者をエサにできることが、その大きな理由だ。この「動物記3」には一九三五—五〇年の作品が入っている。わが国では、オオカミと戦争の不気味な関係を、そんな事実は無かったのか、触れたくなかったのか、指摘したものは無いようだ。

❖近世——人襲撃❖

ここで近世に区分している時代は、安土桃山時代（一五六八〜）から江戸時代（〜一八六七）までである。

江戸時代（一六〇三—一八六七）の前・中期に当たる一七世紀後半から一八世紀にかけては、わが国で、オオカミのあつかい方が、一大転換した時期だ。

第一には、人を襲った記録が、急に目につくようになる。第二は、オオカミを神使とし、農作物の害獣を追い払うよう願ったり、火災、盗難除けを祈る信仰が、中部山岳地や丹波地方などで盛んになり、江戸などの都市にまで広がったのが、この時代からだったらしいのだ。第三には、オオカミが、説話の中で人に化けるようになる。第四は、文学作品等の中にも、オオカミが登場するようにもなる。

このように、オオカミが日本人の各層を通じて、無遠慮に取り上げられ、また、あけっぴろげに信仰されたことは、かつて無かったことだ。

第一にあげた人襲撃記録の増加は、これ以前のものがほぼ無いと言ってよいほどなのを考えると、文字を知る層が多くなった、などだけでは説明しきれない。人への加害が、やはり実際にも増えていたと考えるのが自然だ。

徳川五代将軍、綱吉が、貞享四年（一六八七）に令し、彼が宝永六年（一七〇九）に死ぬまで続いたいわゆる「生類憐みの令」は、綱吉の迷信によって、人命より動物を優先させさえした。『徳川実紀』に出ている令の内容と「実紀」にある他の同時代の記録から、皮肉にも一七世紀末ごろ、幕府が記録しなければならなかったほどの狼害が発生していたことが分かる。いくつかを抜き出す。

元禄二年（一六八九）六月二十八日

〔猪鹿は田畑を害し。狼は人馬犬等を傷損するがゆへに。猪鹿狼あるゝ時のみ。鳥銃もて打しむべしと令せらる。（略）公料。私領にて猪鹿の田畑を害し。狼の人馬犬を傷ふは。先々のごとくこゝろいれて追拂ふべし。さるにもやまざるは。公料は代官の屬吏。私領は地頭より家人を出し。采邑すくなき輩は。其官長へつげ其役を設け。其もの等に誓状を呈せしめ。猪鹿狼暴横のときばかり。日をかぎり銃うたしむべし。（略）又猪鹿狼打得ば。其地に埋置。一切商販。食物となさしむべからず。〕（新訂増補　國史大系『德川實紀』吉川弘文館）

元禄三年二月二十五日

〔下總佐倉の邊。山犬暴行するよし聞ゆれば。鐵炮方井上左大夫正朝に。所屬引つれまかり。うちはらふべきむね命ぜらる。〕

「佐倉」は現在の千葉県佐倉市。

同年四月十日

〔さきに佐倉にまかりし鐵炮方井上左大夫正朝狼多くうちとり。狼子三疋生獲しかへりければ。狼子はそのまゝ遠境に放たしめらる。〕

元禄五年十一月四日

〔武藏の喜多見に狼出て。田圃の妨なせばとて。鐵炮方田付四郎兵衛直平が屬吏をつかはし。打はらはしめらる。〕

「喜多見」は、現在の東京都世田谷区喜多見。

そのころ、オオカミの活動が目立つようになっていたのは、江戸の周辺だけではなかった。

在野の考古学者として知られた藤森栄一さんは、『古道』（学生社）で、一七〇〇年ごろ、信州、越中でオオカミによる大きな害があった、と指摘した。信州の狼害は、「信州高島藩旧誌」のうち、元禄一五年（一七〇二）五、六月、二人の藩士が書いた手記に出ている。

〔五月十一日、これが初見で、狼がまた北大塩《おおしお》村・塩沢村に出て人馬を害したので、目付《めつけ》吉田仁右衛門に手勢を付けて鉄砲を差しゆるした、ということを書いている。その中のまたは、どうもふたたびというニュアンスがある。つまり、このころになって狼が近郷に出没するようになったと考えていいようである。ところが、六月になると、いよいよひどいことになる。

三日　晴　渡世鉄砲中村の吉左衛門、南大塩村観音林にて、狼二匹打留めにつき褒美《ほうび》二両。

四日　雨　福沢村庄助、小屋場《こやば》にて、狼一匹打留め褒美一両。

同日　塚原村庄五郎同判右衛門、横内村にて狼一匹打留め褒美一両。

九日　中金子村庄屋利右衛門方八歳女児喰い殺さる。群をなしての襲来にて、施《ほどこ》さんにも術《すべ》なし。

そうした被害は、現茅野《ちの》市の八ヶ岳西麓の村々、山村から平野の村、さては街中《まちなか》の横内・矢ヶ崎・塚原・上原いまの諏訪市街の真中、小和田にまでおよんで、一六件、一六人の男女、男子は、一〇—一七歳、女子は一〇—二四歳までが喰い殺されている。被害の総数は入っていない。そして次の悲惨な記事で、この狼事件はぷつんと切れたまま、長い江戸時代を通して、もう顕著には出てこない。

二二日　新井《あらい》新田彦左衛門一人息子一二歳が、昼庭に遊んでいると、狼が飛来して噛《か》みつき、昼間故、家中総出で、棒や鋤《すき》を持って格闘するや、狼は伜《せがれ》をくわえ山林に遁走《とんそう》した。家人はあまりの悲惨さに首を縊《つ》って相果てた。（略）

元禄一五年の五月から六月にいたる約二カ月間、突発的に物凄い狼の跳梁《ちょうりょう》があったのである。〕

越中の狼害は、加賀藩の記録によると、諏訪より二、三年早く、元禄一二、一三年に発生したようだ。

〔「前田貞親《さだちか》日記」は、連日、狼害の記事で埋められているという。加賀能登はしばらくおき、越中だけでも、婦負《ねい》・新川《にいかわ》・射水《いみず》の各郡の山村、小杉や高岡の街の中でも「高岡油町埋立方ニ宿かり罷在《まかりありし》三四郎後家《ごけ》あいせがれ五歳市義、町方に乞食ニ出候処、前日廿八日暮時分《じぶん》狼喰殺候事、…但、死骸は尋候へ共《ども》、不見当由候事」という、いたましい記録もある。やられるのは、おもにこども。幼児は保護がつくせいか割と少なく、六十五歳の老婆や二十三歳の人妻、後家、何某《なにがしの》妹などという例もすくなくないようである。成年男子という例はなくて、高岡古定塚町五郎右衛門家へ侵入した狼は、下人三右衛門がネヅミサシでしとめたという例もあることから、まず、狼側から見ると、意識的な襲撃であったことは確かである。〕

加賀藩では、オオカミの死骸の様子も記録していた。その中には、ちょっと奇妙な報告例もある。

〔元禄一三年九月一日のは、射水郡橋下条新村領畠之内で、二匹の狼が死んでいたが、それは、明らかに共喰《ともぐ》いだったというのである。九月十七日にも、おなじような記録がある。〕

オオカミは、普通、共食いをしない。それほど彼らの世界を飢餓が襲っていたのだろう。

藤森さんは、この二国での例や『三国名物志』にも「狼、時有テ多ク出ヅ」と出ている点をあげ、そのころ、「そういう異常活動が、全国的にあったことを意味しているのかもしれない」と推測している。

また、一八世紀に入ってからまもなく、名古屋周辺でも、オオカミが、人々を震え上がらせていた。

尾張藩士、朝日定右衛門（文左衛門）重章の日記『鸚鵡籠中記《おうむろうちゅうき》』（塚本学編注『摘録　鸚鵡籠中記』岩波書店）から抜き出す。

狼害の記述は突然出てくる。

宝永六年（一七〇九）四月

〔○同四日　晴。郭公鳴く。

頃日《けいじつ》、狼多く出るにより、水野権平に命じ鉄炮にて撃たしむ。今日、二ノ宮山より追い出し、楽田山《がくでん》にて一疋打ち留む。久野半介という御足軽打ち留む。但し玉二つにて留む。狼、手むかい仕り候につき打ち留むと申し上ぐるなり。兼ねて狼人を喰いてむかい仕り候わば打ち留めよとの事ゆえなり

狼の寸法（筆者注・後で紹介する）

（筆者注・以下はオオカミによる被害のまとめである）

三月二十八日　春日井郡神屋村

同日　　大草村　女二人死す

三月十三日　野口村　男一人

同二十七日　上末村　男二人死す

同二十八日　春日井原新田　女二人死す

生所、女(如)意村より奉公人、

同所

同日　　稲口新田　男一人死す

同日　　　勝川村の者同所
同二十七日　（春日井郡）関田村　男女二人（一人は当座に死に一人はいまだ死せず）
同二十八日　下原村　男女三人
同日　　　同所新田
同二十七日　下市場村
同日　　　同所新田
同二十八日　多（田）楽村の内、岩野（これは久木村より奉公人）
同十六日　丹羽郡羽黒村　男一人
同三日　　柏森村　下野原新田
　〆　十八ヶ村にて狼人を喰う
男女二十四人　内十六人死に、八人手負い狼の子三つ　本庄村の百姓田所にて捕え申し候。〕

しかし、このオオカミを殺した後も、狼害は止まなかった。

〔○同（筆者注・四月）十一日　御案内の者、飛保《ひぼ》曼陀羅寺の山にて三昧太郎（犬の名なり）を打ち殺す。長さ三尺五寸（筆者注・約一〇六センチ）、つら六寸（約一八センチ）、口五寸（約一五センチ）と云々。狼とつれ来たり、八つになる児を喰い殺すにつき、鉄炮にて打ち留む。狼は逃げ去る（この三昧太郎、形甚だすさまじしと云々）〕

〔○同二十七日
　昨日、石川伴大夫死す。
　同日、狼を打ち、御老中らへ持ち来たる。〕

宝永七年六月

〔○同二十二日　今昼勘大夫狼打ちに篠木《しのき》辺へ出る。御国奉行爾今《じこん》代わる代わる出て打たせけれども、小さき狼や

鹿兎等をようやく打ち、害をなすをば得取らず。御国奉行の首尾悪し。〕

同年八月

〔○同四日　晴。蒸し暑し。丹羽郡羽栗郡新田にて、百姓の女《むすめ》四歳になりける、屋敷の内に遊び居るを狼来て喰いける。村の者追い払いければ、女は疵を蒙りて命を助かる。右の狼を同郡河北《こうぎた》村にて百姓追い払う。同郡下野《しもの》村の方へ行く。御案内の足軽下野村近辺に相詰めこれあるにつき、右の旨下野村より注進あり。段々に罷り越し、下野村の内福塚と申す所の芋畑より駆け出し申し候処、御案内松田善八鉄炮にて打たれども駆け出す。御案内生田弾蔵も打ちかけたれども、三町ほど脇へ逃げ行く。御案内小池藤蔵、御足軽長江半六駆け付け候処、茶の木の内より飛び出し右の両人へかかりけるを、藤蔵首の付け根を打ちければ倒れ、また起き上がりけるを、半六首の中ほどを打ち、ついに斃《たお》る以上四玉にてとまる〕

（筆者注・体長などは後で紹介する）

〔○同五日　暮より文七家内、藤蔵を呼ぶ。狼を捕えしため、中前久治郎出府、与兵衛殿へ狼を見せしむ。

○同六日　久治郎へ行き狼を見る。甚だ大にして、誠に去年より大分人を殺しまたは疵をつけたる悪獣すさまじきものなり。〕

当時、オオカミが横行していた地域は、愛知県北西部の、岐阜県との境に広がる緩い傾斜地と木曽川が形成した扇状地だ。

重章が、宝永六年四月四日の日記に、「頃日、狼多く出る」と書いたのは、それが、普段は無いような状況だったからにほかならない。これが、他の地域の狼害記録増加と時期が重なるのは、偶然ではないだろう。

重章は、これを一頭の仕業と見なしているが、宝永六年三月の害のすさまじさをみると、この点疑問がある。

『鸚鵡籠中記』には、この後、正徳六年（一七一六）、オオカミが人を襲った記録がある。

四月

〔○十一日　頃日、隼人正知行丹羽郡高橋《（屋カ）》村にて、十六になる男子を狼くい殺し、骨ばかりにす。塔の池《（地カ）》という処にても、少子をくわえてふりしを追い落とす。半死半生。〕

前記の一連の事件とは、また別のオオカミの動きだ。

寛延二年（一七四九）刊の著者不明『新著聞集』にある次の二件が起きたのは、記述が具体的なことからも、刊行年から、それほど前ではないだろう。

〔○鰥婦《かんぷ》狼を害す

武州榛沢郡ひかや村の、庄左衛門といふ者、耕作に出て、狼にくひ殺されしを、二十歳ばかりの妻、いか計口惜き事におもひ、いかにもして狼をうちとらんと、九尺柄の手鎗を提げ、方々と尋求めしに、ある畔に、大なる狼ふし居たるを、これぞ夫のかたきぞと、悦びいさみ、件の鎗をとりなをし、咽より上につき立しに、狼奮ひ怒て、起あがらんとせしかど、中々鎗を放たずして、声をたてければ、人あまた馳来り、つゐに打殺してけり。舅、その志の貞節なるを感じ、聟を取て、家をつがせけるとなり。〕（『日本随筆大成』吉川弘文館）

「武州榛沢郡」は、現在の埼玉県西北部。

鑓《やり》を突き立てられるまで、じっとしていたらしいオオカミの態度は、おかしい。けがをしていたか、病気、老齢だった可能性を疑わせる。

〔○童子狼を害す

丹後岑山《みねやま》領の内にて、子ども草をかりに行しに、狼の出しかば、みな〳〵迯《にげ》さりしに、八歳になる女の子迯かねて、狼にとられしを、十一歳になる兄竹蔵、迯ながらこれをみて、取てかへし、持たる鎌を、狼の眉間にうちこみ、引けるに、鼻柱かけて切さきし。狼は、噉《くは》へし子を一ふり振てすて、竹蔵が頬さきにくらひ付し時、鎌をとりなをし、咽にうちこみ引しかば、狼たちまち死す。竹蔵、絶死し居けるを、人々走り来て、薬を与へしかば蘇りし。疵平愈《へいゆ》して後、守護の京極主膳正殿きこしめして、奇特の者なりとて召出されしとなり。〕

「丹後峰山」は、丹後半島の現京都府京丹後市峰山町。この記事にも年月日はないが、同書刊行時まで「主膳正」だった藩主は、初代高通（元和八年・一六二二～）から五代高長（～明和二年・一七六五）までだ。

大田南畝《おおたなんぽ》が安永七年（一七七八）から約四〇年間に見聞などを書き留めた『一話一言』に出ている亀松の話は、そのころよく知られた孝子のオオカミ退治譚だ。事件の発生は、天明八年（一七八八）九月二十八日。同書にこの件を調べた役人の届がある。

〔◆亀松狼を仕留め候事

天明八年申九月廿八日、信州童亀松殺狼救父事

私儀遠藤兵右衛門御代官所代検見被仰付、信州佐久郡廻村之節、同郡内山村百姓狼に被喰候処、若年之忰即座に狼を抱留、鎌にて殺候由、去月廿八日野先にて承候趣、左に申上候。

遠藤兵右衛門御代官所　信州佐久郡内山村百性惣右衛門忰　亀松　申十一歳

右村之儀信州上州國境破風山麓にて、右惣右衛門儀高壱斗所持家内五人暮居宅より三丁程隔り候字庭村と申所、猪鹿防之番小屋え去月廿八日夕方忰亀松連参、亀松は草刈、惣右衛門小屋にて火を焚居候処、同人後之方へ狼来、足へ喰付候を振返候処、唇より腮え喰付候間、狼之耳を掴、声を立候に付、亀松聞付駈参、所持之鎌を狼之口へ入引候処、かつら脇より噛被折難用立、惣右衛門所持之鎌を亀松取揚、猶又狼之口へ柄之方捻込、後え引倒、両人にて押へ候へども、惣右衛門は数ヶ所被喰候故働難成、打倒候に付、狼起上り候を、亀松石を以狼之口へ差込候鎌之柄を打込、牙を打かき候へども、狼掻付相働キ候に付、亀松大指にて狼之両眼を繰抜、打たゝき漸仕留候由。惣右衛門事所々被喰候へども灸所に無之処、亀松介抱いたし宿へ連帰り、翌日より療治薬用等仕候処、近日快気之由申候。亀松年齢より小柄虚弱に相見へ、中々右体之働可致者に相見へ不申候間、驚逃退も可致処、親大事と存、若輩不似合働仕候者に付申上置候。

申十月　　大貫次右衛門

惣右衛門狼に被喰候疵所

一　腮より下唇上唇へ懸上下之歯を除喰割キ、左耳之脇唇迄懸喰割キ申候。

但、是は狼の牙の懸り候処、右之通さけ申候由申候。

一　左右之肘肩より壱弐寸宛下り喰抜申候。

一　左之手の平中指之通真中程喰抜、牙以穴有之候。

一　左之足跟被喰候疵有之候。

内山村惣右衛門家内人別

百姓惣右衛門四十八歳　女房三十三歳　亀松十一歳　八太郎八歳　佐太郎四歳

狼大サ左之通

狼皮横幅二尺三寸八分（筆者注・約七二センチ）　同頭際尾迄三尺六寸八分（約一一二センチ）　同頭長八寸九分（約二七センチ）　同上腮長三寸七分（約一一センチ）　同下腮長三寸三分（約一〇センチ）」（『大田南畝全集　第十三巻』岩波書店）

▽上州境の山の麓にある「信州佐久郡内山村」の百姓惣右衛門が、九月二十八日夕、十一歳の息子亀松を連れ、家から三町（約三三〇メートル）の「猪鹿防之番小屋」に行き、火を焚いていると、後ろからオオカミが来てかみついた。父親の叫びに近くで草を刈っていた亀松が駆け付け、鎌をオオカミの口に入れ引いたが、かみ折られたため、今度は父の鎌の柄を口の中へねじ込み、二人で押さえて、亀松は石で鎌の柄を口に打ち込み牙を欠けさせた。オオカミはなおも暴れたが、亀松が親指で目をくり抜き、ようやく仕留めた。惣右衛門の傷は急所を外れており、亀松が介抱して連れ帰り回復した。亀松は、年齢より小柄で、ひ弱に見える少年だった。△

「内山村」は、現在の長野県佐久市。

『新著聞集』の二話や亀松の事件を書物が取り上げたのは、子供や妻などが、人を襲ったオオカミを退治したという特異な例であったからだ。実際には、もっと多くの狼害が発生していたのだろう。

❖半上村❖

天明三年（一七八三）八月のある大雨の早朝、中国山地を北へ流れる日野川の右岸、伯耆《ほうき》国日野《ひの》郡半上《はんのうえ》村で、辻堂に泊まっていた七人の順礼を、一匹のオオカミが襲った。オオカミは、七歳の男の子と三六歳の婦人を殺し、二人に重いけが、一人に軽い傷を負わせた。この事件は、村役人が順礼たちの供述を書き留めた口書《くちがき》や宗旨庄屋《しゅうししょうや》、大《おお》庄屋に提出した口上覚などが残っており、ほぼ全容を知ることができる。

半上村は、現在の鳥取県日野郡江府《こうふ》町武庫の一部である。大山の南南東に位置し、山麓のなだらかな傾斜地のはずれだ。

巡礼たちがオオカミに襲われた半上村の辻堂跡（写真中央の石垣あたり）

この古文書は、昭和五四年の正月、武庫村の本郷《ほんごう》だった旧洲河崎《すがさき》村、現在の同町洲河崎の佐々木満さん方の土蔵で発見された。佐々木家は、江戸時代には庄屋をしていた。

事件があったのは、江戸時代の三大飢饉の一つとされる天明飢饉が始まって二年目のことだ。この年も、やはり天候不順が続き、七月には浅間山が噴火している。事件が起きた旧暦八月二日は、新暦の八月二九日である。

順礼たちは、この飢饉の中で旅を続けていた。彼等は、山陰地方から、中国山地を越えて四国遍路へ行く途中だった。出身地は、それぞれ異なっている。

市助の一家は四人。市助四四歳、妻む免《め》三九歳、倅《せがれ》亀吉七歳、娘いと四歳。国元は、浅間山に近い「信州上田領小左方郡原口村」、現長野県東御市だ。両親と子供が死ぬなどの不幸があり、この年の春、西国、四国順礼をしようと、四人で国を出ていた。それまで、上方から丹後を回っている。

「備後国安那郡神辺村」、現広島県福山市神辺町の後家、はつは五四歳。疫痢で「親兄弟夫子供」が残らず死んで一人になり、自分もこの病気で煩ったので立願し、五年前、順礼に出た。一昨年、在所に帰ったが、また諸国順礼を思い立った。これまで、六度、四国遍路をしており、今度回れば、「大願成就」で、国元に帰るつもりだった。口書《くちがき》によると、国には、伯父が建ててくれた小さな「庵」があり、「田地少々」も付いている。

「芸州広島領加茂郡竹原村」、現広島県竹原市の道心者、則心は四四歳。地元の村の寺が安永九年（一七八〇）七月に出した往来手形を持っていた。手形には、このたび、心が望むところに依り、諸国神社仏閣参詣のため国元を出た、と書いてある。

里よは三六歳。則心の隣人である。往来手形は、持っておらず、則心が村役人に語ったところでは、国に母親がいる。

市助一家とはつは、五月に天橋立に近い西国第二十八番の札所《ふだしょ》、成相寺で出会い、共に四国遍路を願っていることを知って同道していた。一緒に大山に詣で、やはり、四国順礼を志していた則心、里よと知り合った。七人は、江府町江尾あたりを、一緒に報謝《ほうしゃ》を乞いながら、通っている。一日になって市助一家とはつは、則心、里よと別れた。

オオカミの襲撃の様子を、市助とはつの口書を中心に、村方文書にある通りに復元してみる。

八月一日、市助一家とはつの五人が、半上村の辻堂に着いたのは、「昼過」（はつ口書）だった。おそらく、夕方に近い時刻だったのだろう。五人は辻堂に泊まることにした。

この夜、日野川流域一帯は、豪雨にみまわれていた。村の「申上口上之覚」では、役人に、夜中とはいえ、「五七人之もの呼候声」が、聞こえなかったはずはないのに、なぜ出て行かなかったのか、と訊《き》かれ、村側は、「夜中殊ニ大雨ニ付一円見聞仕候もの」が無かった、と答えている。日野川の対岸にある本郷の洲河崎村庄屋の口書にも、二日朝に事件発生を知ったが、洪水のため、川を渡れず、その日の晩になって泳ぎの達者な村の若者三人を出し、様子を知ることができた、「同三日川明キ候」という箇所がある。

「夜五ツ時分」（はつ口書）、午後八時ごろになって、則心と里よが辻堂に着いた。

七人は、堂の中で横になっていた。「夜ル七ツ時」、二日の今の午前三時ごろにか、「狂狼参候」。そして、「私（筆者注＝市助）足へ喰ひ付候ニ付驚候」。市助は、起き上がったが、子供二人を連れているうえ、何の手道具も持っておらず、「何程相働候而も致方無御座、所々散々ニ喰さか連（裂かれ）、精力もかれ、同行之もの共もうろたへ居申内、悴亀吉、引喰へ堂より外へ引出し、喰殺申候」（以上市助口書、読点は筆者、以下同様）。市助は、「半死半生」だった。オオカミは、亀吉を堂から「五七間（約九・〇五メートル～約一二・六七メートル）斗《ばかり》も外へ引出し、喰殺」していた。

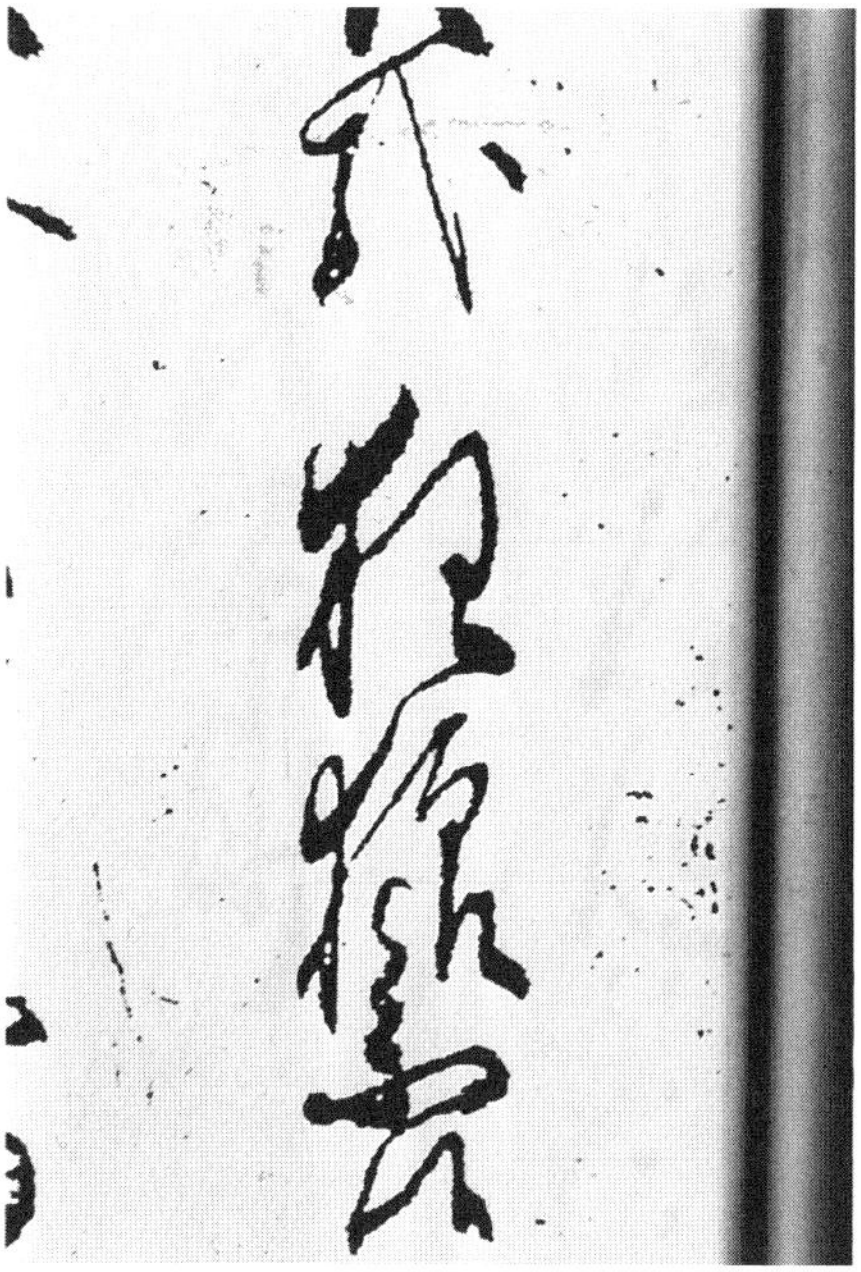

口書にある「狂狼」の文字

それから「右狼亦々堂之内へかけ込、同宿之婦人里よも外へ引出し、喰殺し申候」。その間の「少し之透間《すきま》」（以上はつ口書）に、残った五人は、ようやく堂の梁に登った。そのうち「漸夜も明、狼も迯返申候」（市助口書）。

傷が浅かったはつは、明るくなると、五人組頭の夘《う》右衛門《えもん》方に行き事件発生を告げた。夘右衛門は、辻堂に駆け付け、「不怪変事ニ付驚候」（「申上口上之覚」）、早速庄屋へ届け、村内にも追々と申し伝えた。

順礼たちの中で、無事だったのは、市助の妻む免と娘いとの二人だけだった。

「生所歳齢疵書」から、それぞれの傷の場所、大きさを抜き出す。

亀吉「喰疵、喉ふへ（笛）から、おとかい（あご）、顔一面ニ喰さき、即死」

里よ「歯疵、顔一面ニ喰破、喉ふへ疵付　、臍之廻壱尺四方斗り喰破、大疵即死」

市助「喰疵、左之手右之手之内并跛、左の手大指喰切、惣身小疵数ヶ所」

はつ「歯疵、左之手并目のうへ、小鬢三ヶ所共少疵」

則心「歯疵、天□三ヶ所、右之手之内大指をかけ壱ヶ所」

殺された亀吉と里よは、共にのどに傷があった。他の順礼のけがも、オオカミの攻撃を防ごうとして手に負ったもの以外は、頭部についていた。オオカミが、意識して、そこを狙ったのは、明らかだ。

里よの腹部の傷は、攻撃の時のものではなく、オオカミが、彼女を殺した後、内臓を食べようとした痕だろう。

三日早朝、半上村の二キロばかり上流にある貝原村（現同郡日野町貝原）の者に「狼飛懸り候ニ付、獅子鑓を以突殺申候」。獅子鑓《ししやり》は、イノシシを狩るための槍だ。村方口書のこの文は、さらに「定而旅人を喰殺し候狼ニ而可有御座候哉《や》」と推測している。

半上の村人たちにとっても、オオカミが人を襲うことは、異常な出来事だった。市助とはつの口書もこのオオカミを「狂狼」と呼び、「はつ口書」は、その行動を「狼狂来《くるいきた》り」と、驚きをもって表現している。この襲撃自体が、普通のオオカミなら、まず取らない行動だったからだろう。

この事件まで、順礼たちも、オオカミに対し、無用心だった。

市助一家とはつは、丹後から、おそらく、山陰道とそれに沿う山中の道をたどりながら、伯耆まで来たのだろう。山の中の峠を越え、堂に泊まり、当然、野宿もしたはずだ。オオカミが多く生息した大山山麓も通っている。辻堂を襲ったオオカミの行動圏だった可能性がある。それでも、彼等が、オオカミを警戒していた様子はない。襲われた時、身を守るための刃物はもちろん、杖、棒等も持っていなかったようだ。オオカミの襲撃は、順礼たちが、予想もしていなかった出来事だったのである。

洲河崎村の庄屋らが、役人の調べに答えた内容を記録した「村方口書」には、次のような興味深い記載がある。

「山中之儀、狼多御座候得共、容易人ニ懸候ものニは無御坐、全病狼かと奉存候。」つまり、山の中だから当然、オオカミは沢山いるが、そうそう簡単には、人に襲いかかってくるものではない、きっとそのオオカミは「病狼」ではないかと思う、と言っているのだ。「病狼」は、狂犬病にかかったオオカミである。

村人たちが、このオオカミを「病狼」と判断したのは、彼らの普段の行動を知っている者としては、自然なことだったのだろうが、記録のような旺盛な食欲をみると、疑問もある。

現在の医学辞典などによると、狂犬病の動物に噛まれた人は、一〇～二〇％、あるいは五～五〇％が発病する。潜伏期は、一五～六〇日ほどだ。発病すれば、助からずもだえ死ぬ。

「村方口書」には、村人は、残った五人のために、村内に小屋をつくり、介抱していたが、順礼たちが、「深更及候得ハ、狼殊之外うなり候故、気味悪敷」と訴えた、という部分がある。このため、村は、役人から、「もしこの上、粗末なことになったら、村方の落ち度になる。番人などに、油断なく注意することを申しつけるように」と指示されている。

オオカミの「うなり」声とは、「遠吠え」だろう。現在でも、北米、ユーラシア大陸にいるオオカミは、群れ内部での意思疎通、他の群れへの領域主張などのため、遠吠えをする。

事件の直後で、順礼たちは、オオカミの声に敏感になっていたのだろうが、「殊之外」は、この獣たちの間で何か、異変が起きていたことを示唆しているようでもある。

順礼たちを襲ったオオカミは、自分の群れを離れるなどして、飢えに迫られていた個体だったのではないか、という考えを捨てきれない。

八月一六日の日付がある口書には、軽傷だったはつが「歯疵大形平癒仕候」と、村を立ち退き四国遍路に出たい、と願い出たことが、出ている。

事件から一ヵ月余り後の「九月□日」、洲河崎村年寄が、大庄屋《おおしょうや》、宗旨《しゅうし》庄屋に出した文書には、重傷だった市助も、傷は「平癒」したので、四国遍路をしたく、一日も早く発ちたい、という願いを出した、と記してある。

村の負担も、大きかったはずだ。

順礼たちのその後のことは、分からない。少なくとも、記録をみる限りでは、重傷の二人を含め、けがをした三人の順礼たちに、狂犬病を発病した者がいた様子はない。

地元では、二百年前に起きたこの惨劇を、語り伝えていた。昭和五四年（一九七九）の江府町報に、この事件を紹介した同町文化財保護審議会長の小田隆さん（昭和二年＝一九二七＝生）は、昭和五五年末、著者の取材に「五〇歳以上の人は、みな、おばあさんらから、悪いことをすると、ふるいオオカミが来て取って喰《く》う、と言われたことがある」と話していた。

以下は市助、はつの口書である。市助の口書は全文を紹介する（句読点は筆者）。この『天明の狼による順礼受難文書』は一九九三年、町指定文化財になっている。

〔　　　市助口書

去ル朔日昼過私共七人連ニ而半上村へ罷越辻堂へ一宿仕居申候所其夕狂狼参喰殺され候もの両人疵付之もの三人有之候ニ付子細御尋被成左之通申上候。

一、私儀両親并子供等相果不幸ニ逢、妻并ニ残ル子供両人相連西国四国順礼之ため当春国本罷出、上方より丹州相廻り御領内江罷越大山へ参詣仕、夫より四国遍路仕度江尾通当村へ罷越、去ル朔日晩かた、七人連ニ而辻堂へ一宿仕伏リ居申候所、夜ル七ツ時ニ而も可有御座哉、狂狼参候而私足へ喰ひ付候ニ付驚候而起上り候所幼年之子供相連居申剰何ノ手道もの（筆者注・具？）所持不仕、何程相働候而も致方無御座所々散々ニ喰さか連、精力もかれ、同行之もの共もうろたへ居申内悴亀吉引喰へ堂より外へ引出し喰殺申候。夫より又々辻堂之内へかけ入、同道之女人里よを外へ引出し、是又喰殺し申候。其間ニ私共夫婦娘連之両人漸々辻堂之梁ニ登り居申候所漸夜も明狼も迯返《にげかへり》申候。

一、右同道之人数御国違殊更遠国と懸け隔り候所如何之儀ニ付同行致し候哉と御尋被成承知仕候。私儀は前文之通家内四人連ニ而国本罷出候所丹後之内成り合と申札所ニ而備後国安那郡神辺村六之介後家はツと申ものへ出会、相互に物語りとも仕候所四国遍路心願同志ニ付夫より同道仕候儀ニ御座候。

芸州加茂郡竹原村道心者則心并同道之里与へハ大山ニ而出会候所此両人も四国遍路願望同志ニ付夫より同行ニ罷成候儀ニ御座候。

一、往来手形も所持致し兄弟も国本ニ有之候由ニ候得ば生所慥成事《たしかなること》ニ相聞候間在所へ通達頼之筋有之候ハ申出候様被仰聞承知仕候。捨往来相願罷出候身分ニ御座候得ば在所へ御付届被下ニ及不申候。乍御役界疵平癒仕候迄当村へ御差置被下調次第四国順礼罷出申度奉存候。其外願之筋少も無御座候。

一、亀吉死骸取（所）置願之儀は無之哉と御尋被成承知仕候。何卒御慈悲を以一刻も早ク身隠し被□仰付被下ば難有（仕合）存候。是又外ニ願之筋無御座候。万々宜敷御慈悲奉願候。以上。

信州小左方郡原口村

市助

天明三年卯八月三日

同人妻　む免

右之通申上候条相違無御座候。以上。

半上村年寄洲河崎村

与三右衛門

八月　日

同村庄屋同村

多郎兵衛

緒形三郎右衛門殿
飛田惣左衛門殿

〔六之助後家
はつ口書〕

去ル朔日昼過私共七人連ニ而半上村へ罷越辻堂へ一宿仕居申候所其夕狼狂来り喰殺し候所（？）両人并歯疵之もの三人有之候ニ付子細御尋被成左ニ申上候。

一、私儀拾七年已前親兄弟夫子供家内ゑき連ひニ而不残病死仕独身ニ罷成、私儀も同様相煩候ニ付立願ニ而五年已然順礼ニ罷出、一昨年丑年在所へ罷帰、又々諸国順礼ニ罷出当夏丹後より当御領内へ罷越大山へ参詣仕、夫より四国遍路志、江尾通当村へ参、去ル朔日之昼過辻堂へ七人連ニ而一宿仕伏り居申候所、夜七ツ時分ニ而も可有御座哉、狂狼参候而同道之内市助と申者へ喰ひ付驚何連茂起上り申候。市助儀は子共両人つ連居申ニ付随分防候得共何も手道具所持不仕、所々喰さか連半死半生ニ罷成申候。又市助忰亀吉を堂より五七間斗も外へ引出し喰殺申候。夫より右狼亦々堂之内へかけ込同宿之婦人里よも外へ引出し喰殺し申候。道心者則心儀も所々喰破ら連申候。市助妻む免并娘いと弐人之ものハ無難ニ相遁申候。少し之透間御座候ニ付、残り候五人之者漸々と堂之梁へ登居申候処、よふやく夜も（明け）、狼も迯去申候。私儀は歯疵も纔（わずか）斗ニ御座候ニ付村方へ罷出右之次第申達し候儀に御座候。（筆者注・以下略）

阿部備中守様御領分
備後国安那郡神辺宿
六之助後家

天明三年卯八月十六日　はつ

）

もっと後の時代の狼害記録もある。

越後塩沢（現新潟県南魚沼市塩沢）に住んだ鈴木牧之の『北越雪譜』は天保六年（一八三五）の山東京山《さんとうきょうざん》の序文が付いている。

「雪中の狼《おほかみ》」は、ある冬の夕、山里に住む農民一家を狼群が襲った記録である。年月日は無いが、牧之は文末に「ちかき事なれば人のよくしれるはなしなり」と書き加えている。塩沢があった旧魚沼郡は現在の長野、群馬、福島各県と接し、豪雪の山岳地帯を含む地域だ。

▽「こゝに我郡中《わがぐんちゆう》の山村《さんそん》に（不祥《ふしやう》のことなれば地名人名をはぶく）まづしき農夫《のうふ》ありけり、老母と妻と十三の女子七ツの男子あり。」ある年の「二月のはじめ、用ありて二里ばかりの所へいたらんとす、みな山道《やまみち》なり。母いはく、山なかなれば用心なり、筒《つゝ》をもてといふ、実《げ》にもとて鉄炮《てつはう》をもちゆきけり。」農夫は猟もしていた。用をすませ「日も暮《くれ》かゝる皈《かへ》りみち、やがて吾が村へ入らんとする雪の山蔭《やまかげ》に狼《おほかみ》物を喰《くら》ふを見つけ、矢頃《やごろ》にねらひより火蓋《ひぶた》をきりしにあやまたずうちおとしぬ。ちかよりみればくらひゐたるは人の足《あし》なり。農夫大におどろき、さては村ちかくきつるならんと我家《わがや》をきづかひ狼《おほかみ》はそのまゝにしてはせかへりしに、家のまへの雪の白きに血《ち》のくれなゐをそめけり。みるよります〱おどろきはせいりければ狼二疋逃《にげ》さりけり、あたりをみれば母はゐろりのまへにこゝかしこくひちらされ、片足はくひとられてしゝゐたり。妻《つま》は窗《まど》のもとに喰伏《くひふせ》られあけにそみ、そのかたはらにはちゞみの糸などふみちらしたるさまなり。七ツの男の子は庭にありてかばね半《なか》ば喰《くは》れたり。妻《つま》はすこしいきありて夫《をつと》をみるよりおきあがらんとしてちからおよばず、狼《おほかみ》がといひしばかりにてたふれしゝけり。農夫《のうふ》はゆめともうつゝともわきまへず鉄炮《てつはう》もちて立あがりしが、さるにても娘《むすめ》はとてなきごゑによびければ、床《ゆか》の下よりはひいで親にすがりつきこゑをあげてな

く、おやもむすめをいだきてなきけり。山家《さんか》は住居《ぢゆうきよ》もこゝかしこはなれあるものゆゑ、これらの事をしるものもなかりけり。農夫《のうふ》は時の間に六十の母、三十の妻、七ツの子を狼の牙《きば》にころされ、歯がみをなして口をしがり、親子ふたり、くりことといひつゝ、声をあげてなきゐたり。」村人もやっと事に気付いて集まって驚き「娘にやうすをたづねければ、窗《まど》をやぶりて狼三疋はせいりしが、わしは竈《かまど》に火をたきてゐたりしゆゑすぐに床《ゆか》の下へにげ入り、ばゞさまと母さまとおと《弟》がなくこゑをきゝて念仏《ねんぶつ》申てゐたりといふ。」「次の日の夕ぐれ棺《くわん》一ツに妻《つま》と童《わらべ》をさめ、母の棺《くわん》と二ツ野辺《のべ》おくりをなしける。」「これよりのち此農夫《のうふ》家を棄《すて》、娘《むすめ》をつれて順礼《じゆんれい》にいでけり。」△

牧之は、襲撃場面を描写する前に、次のような短文を置いている。

「我国の獣《けもの》冬にいたれば山を踰《こえ》て雪浅《あさき》国へさる。これ雪ふかくして食《しょく》にとぼしきゆゑなり。春にいたればもとの棲《すみか》へかへる。されども雪いまだきえざるゆゑ食にたらず、をりふしは夜中人家《じんか》にちかより犬などとり、又人にかゝる事もあり、これ山村《さんそん》の事なり。里には人多きゆゑおそれてきたらざるにや。」

「獣」はオオカミである。しかし、豪雪地のニホンオオカミが、冬季には移動していたということを、指摘した文献などは、他には見つからなかった。

文化三年（一八〇六）に初版が出た小《お》野《の》蘭山《らんざん》『本草綱目啓蒙《ほんぞうこうもくけいもう》』は、「狼」は「深山ニ棲《すむ》猛獣ナリ常ニハ出ズ大雪ニテ山中食乏キ時ハ里中ニ出テ人ヲ害スル」と説明した（「覆刻　日本古典全集」の『重訂本草綱目啓蒙』現代思潮新社）。

豪雪の下では、「雪譜」の話以外にも、このような悲劇が起きていたのだろう。

人を襲ったという、近世のいくつもの記録にもかかわらず、当時、ニホンオオカミには「人食い」と呼ばれたものは、いなかったようだ。「人食い狼」という言葉自体、無かったらしい。

❖狂犬病❖

わが国で、とりわけ一八世紀に入ってから狼害記録が多くなる理由は、大きく分けて次の二つが考えられる。

一つは、狂犬病がわが国に入り、流行したこと。特に、人を襲うという異常な行動は、そのかなりの例を、この病気で説明できる。しかし、これまで本文で紹介してきた人間襲撃事件は、明らかに狂犬病にかかったオオカミによるものとわかる場合は外してある。

二つ目は、森林伐採や耕地造成など開発が進んだことだ。

まず、狂犬病についてみてみる。

狂犬病が、わが国で、はじめて大流行したのは、記録に残る限り、享保一七年（一七三二）らしい。罹病《りびょう》したオオカミは、人でも動物でも見境なくかみつく。狂犬病にかかった個体への恐れは、そのままオオカミ全体への恐れにつながったのである。

京都町奉行の与力もした神沢杜口《かんざわとこう》（貞幹）の『翁草《おきなぐさ》』から引用する。

〔○稲虫及び狂犬の害の事

享保十七年（略）犬煩ひて、狂ひ駆て人に喰ひ付倒死す、凡中国辺は、犬悉く死果て一疋もなし。又其毒気に触侵されて人も即死、或は日を経て死るも有り。其後同廿一年丙辰の春も、南海畿内に人病流行し、東海道は翌巳の夏頃、流行して犬のみに非ず、狼狐狸の類ひ多く死す、人牛馬も嚙付れたるが、熱強く三十日五十日乃至一年も悩み、食事を絶ち犬の如く狂ひ這廻り死す。〕（『日本随筆大成』）

かまれた後、「悩」んだ、という期間は、潜伏期のことを指しているのだろう。

遠江《とおとうみ》の人、西村白烏《にしむらはくう》も、明和七年（一七七〇）の自序がある『煙霞綺談《えんかきだん》』に、この時、東海地方で、狂犬病がオオカミの間に広がっていたことを書いている。

〔狼《をゝかみ》は画《ぐは》に写しても常《つね》の犬《いぬ》のごとし。しかれども夜陰《やいん》に眼の光《ひか》る事明星《めうぜう》の如く、口の切込耳《きれこみゝ》に近《ちか》し、啼声《なくこへ》も牛《うし》に等《ひと》しく、人を見て怖《をそ》れず。享保の末《すへ》より、犬《いぬ》に病出来《やまひでき》て人を噛《かむ》に毒気《どくき》をうけて、其人後には犬のごとく狂《くる》ひまはりて死《し》亡《ぼう》す、駿河遠江《するがとふとふみ》の間には、狼《をゝかみ》にも此病着《やまひつき》て、折《をり》々人を咬怖《かむをそ》るべし。〕

次は、白鳥の師である林自見《はやしじけん》が書き加えた文中にある描写だ。

〔病狼《びやうらう》は飛《とぶ》事鳥のごとく、人を見てはいよ〳〵咬《かみ》つく、暫時《ざんじ》に数《す》十里を往来《わうらい》す。〕（『日本随筆大成』）

この時期以降は、本や記録に出てくる「病犬」も、多くは狂犬病になった犬を指しているようだ。逆に、「狂犬」や「狂狼」は、やたらに人にかみつく犬やオオカミを意味していることがある。

❖「鬼」❖

天明四年（一七八四）秋から翌年秋にかけ、東北地方などを旅した京都の医師、橘南谿《たちばななんけい》は、見聞録『東遊記《とうゆうき》』の「羽州《うしう》の鬼《おに》」に病狼におびえる山里の人々の様子を描いている。彼が、秋田、山形県境にそびえる鳥海山（二二三〇メートル）のふもとを通った時の体験だ。文中にある地名の「佐川」は、現在の秋田県にかほ市象潟《きさかた》町小砂川《こさがわ》である。

▽出羽の国「佐川」に着こうかというころは、「申《さる》の刻《こく》」（筆者注・夕方四時ごろ）を過ぎているように思ったが、雨の中で時刻がはっきりしない。出会った老夫に、日暮れまでに次の宿に着けるか、と聞くと、眉をひそめ、急げば着くだろう、しかし、「此程《このほど》は此《この》あたりに鬼出《おにいで》て人をとり食ふ、初《はじ》めは夜る計《ばかり》なりしが、近き頃《ころ》に成りては白晝《はくちう》に出て、此道行《このみちゆき》かふ者は人馬の差別なくくはれざるはなし、是迄《これまで》の道も鬼《おに》の出ぬる所なるに、くはれ玉はざりしは運強《うんつよ》き人々なり、是より先は殊さら鬼多《おにおほ》し、旅するも命《いのち》のありてこそ、何いそぎの用かは知らねども日暮《ひくれ》に及んで行給《ゆきたまは》ん危《あやふ》し」と言う。これを聞いて、連れの養軒と、いかに辺地に来たといっても、人を驚かすのもほどがある、鬼が人を

取って食うのは、草双紙の昔話でのこと、その鬼は、青鬼か赤鬼か、などと笑いながらしばらく行き、わら屋根の家で同じことを聞くとそこの主《あるじ》も驚いた風で、「旅《たび》の人は不敵の事を宣《のたま》ふものかな、此先《このさき》はかばかり鬼多《おにおほ》きをいかにして無事に行過《ゆきすぎ》玉はんや、きのふも此里《このさと》の八太郎くはれたり、けふも隣村の九郎助取られたり、あなおそろし、」と言って、時刻を教えてもくれない。そこの家も笑いながら出たが、また人に聞くと、又鬼のことを言う。さすがにおかしいと感じ、家ごとに入って尋ねると、「口々に鬼の事いふて舌《した》を振《ふる》はして恐る。」

これはうそではない、ととりあえず、その里に泊まることにし、六〇歳余りの老婆と二四、五歳の男が住む家に宿を取った。囲炉裏で、木賃の飯を炊きながら、また鬼のことを尋ねると、老婆は恐れおののきながら話すが、辺土《へんど》のことばが聞き取れない。それではと、その鬼はどんな形か、額に角があり、トラの皮のふんどしをしているか、と言うと、男がかぶりを振って、そんなものではない、と言う。「然《しか》らばいかなるものぞといへば、只犬《いぬ》の如くにして少し大《おほひ》なりと云、せい高く口大《おほひ》なりやと問へば、其の如しと云、扨《さて》は狼《おほかみ》にてはあらずやといふに、狼《おほかみ》ともいふと聞きしと答ふ、養軒顔《かほ》を見合《みあは》せ、扨は大かたならぬ恐れなりといふにぞ、先程《さきほど》よりの詞《ことば》とも俄《にはか》に誠《まこと》に成りし心地《こゝち》して、おそろしき事いふばかりなし、段々《だんだん》くはしく聞に、此に小佐川の人も六七人も喰殺《くひころ》され、きのふも此向《このむか》ふのウヤムヤの關《せき》の者に飛《とび》かゝりしに、彼者強勇《ごうゆう》の男にしてひしと組付《くみつき》、一身の力を出してつひに狼《おほかみ》を組伏《くみふ》せたりしに、身に寸鐵《すんてつ》も無れば組伏《くみふ》せはふせながらいかんともしがたし、やう〳〵にかたはらの石《いし》をひろひ、其石を以て狼の頭《かしら》をたゝき砕《くだき》て殺しぬ、されど其身も數《す》か所手負《しょておひ》て家に歸りて死せりなど、此間《このあひだ》の事共《ことども》恐ろしき限り取集《とりあつめ》ていふにぞ、是は狼《おほかみ》に病《やまひ》付て白晝《はくちう》にも數十疋出て人を害するならん、我々禽獸《きんぢう》の爲に此邊境《へんきやう》に來りて命《いのち》を失《うしなは》ん事いか計《ばかり》口惜《を》しき事なり」と思い、その夜は、よく眠れなかった。

翌日、馬を借り、やはり馬に乗った二人の商人とも同道し、馬方を入れて八人がめいめい長い棒を持ち出立、無事向こうの宿に着いた。「（筆者注・有郁無郁《うやむや》の）關こゆるあたりにては、彼きのふ石にてたゝき砕《くだき》し狼《おほかみ》の顋《あぎと》ばかり落残れり、其體《たい》は何方《いづかた》へ取去《とりさり》しや見へず、見るだに恐《おそ》ろしき事なりき、誠《まこと》に此道筋《このみちすぢ》三里が程は人家もなく、高き芝原《しばゝら》にて細き道筋数々付けり、病《やまひ》なくとも狼の出《いづ》べき土地とぞ覺ゆ。猶其先《そのさき》の宿〳〵も彼商人《かのあきんど》と一組になり、皆々馬に打乗《うちのり》て用心堅《ようじんけん》固《ご》にして行しに、五六里が程《ほど》過しかば鬼の沙汰もやみぬ、誠《まこと》に人を取食ふものゆゑに、此あたりにては狼を鬼《おに》といふなるべし、古風《こふう》なる事なり」△（『日本紀行文集成』日本図書センター）

南谿は、オオカミが白昼、出没していることも、この病気による異常と感じたようだ。

オオカミが「鬼」になったことについて、動物文学者の平岩米吉さんは、そのころ、この地方で、オオカミをうやまって呼んでいた「お犬」の発音が、東北弁になれない南谿には、「オニ」と聞こえたと推測している。（『狼——その生態と歴史——』動物文学会）

畔田翠山（一七九二—一八五九）の『吉野郡名山図志』（吉野郡山記）の「和州吉野郡十津川荘記」にも、狂犬病にかかったオオカミの行動描写がある。

〔豺狼は、山中に多し。十津川の西伯母子《をばこ》嶺・水峯辺、殊に夥し。病狼も初春の頃はままありて人を害す。向ふより来て人を噛むにあらず、思ひ寄らざる道路の草村《くさむら》の内より出合ふ。処いづれを極めともなく喰ふ。菅小屋の人云く、病狼の難を遁《のが》れんとおもはば、山中にて高声すべからず。静かにして歩むべし。もし高声すれば、病狼その声をしたひ来りて、直ちに人を噛む。山中にては人に限らず、古木にても、我苦しさに噛み付けり。病狼は春、木の芽の出る頃ありて、苗代青く出れば病去るものなり。〕

「伯母子嶺」は、高野熊野街道・小辺路《こへち》の難所だった。

❖大開発❖

狼害記録が増えた二番目の理由は、それまでのわが国の歴史に無かった大規模、かつ急速な開発がもたらした人とオオカミとの摩擦の増加である。

近世の前半、特にその初めの一七世紀は、耕地の開拓とそれに伴う部分も大きい森林の伐採、山地の荒廃が進んだ時代だった。

この時代における耕地の拡張ぶりを示す次の数字が、大石慎三郎『江戸時代』（中央公論新社）の「明治以前耕地面積の推移」表に出ている。同書によると、「つかった史料は平安中期成立の『和名抄《わみょうしょう》』（九三〇年ころ）、室町時代中期成立の『拾芥抄《しゅうかいしょう》』（一四五〇年ころ）、江戸時代初頭の状況にもとづく『慶長三年大名帳』（一六〇〇年ころ）、江戸時代の中ころの状況を示す『町歩下組帳』（一七二〇年ころ）、および明治七年（一八七四）の租税寮編『第一回統計表』である（ともに『大日本租税志』所収）。」同書の筆者はこの表を「統一的手法による統計があるわけではなく、したがって細部に立ち入ると問題もあるが、にもかかわらず一応の目安にはなると思われる」と位置づけている。

同表によると、耕地面積は、一四五〇年ごろ（室町時代中期）の九四万六千町歩を一〇〇とすると、九三〇年ごろ（平安時代中期）は、九一・一、一六〇〇年ごろ（江戸時代初頭）は、一七二・八、一七二〇年ごろ（江戸時代中期）は、三一三・九、一八七四年ごろ（明治初期）は、三二二・四の比率になる。

平安中期から室町中期までの五〇〇年余りの間は、ほぼ横這いだが、室町中期から江戸初頭までの一五〇年間にその一・七倍に、江戸中期までの二七〇年間には、三・一倍にもなっている。江戸中期以降は、耕地開発が停滞したこともわかる。

近世の農地、特に水田は、それまで手が付けられなかった大河川沿いの氾濫原《はんらんげん》や下流の広い沖積地にも開かれるようになった。そこは今に至るまでわが国農業の中心である。私たちが、日本の伝統的な農村として思い浮かべるような景観は、このころから形成されたのだ。害獣は山地から離れた河口平野にまでは来ない。そのことは農民のオオカミ離れを招いただろう。

近世前期の新田開発は、水のほか、肥料にする草が、確保できなくなるという壁に直面する。そして中期ともなると、領主たちは元からある田の生産力が落ちるのを心配し、開発優先から既成田の反収《たんしゅう》を上げる政策に転換する。多肥、労働集約的な農法が普及し、定着する。

一七世紀中ごろから、農民に耕作技術を教えるための農書が書かれたのも、そんな時代の反映だ。わが国で農業のことが、書物になったのは、実にこの時が初めてである。

おそらく元禄（一六八八―一七〇四）の前に東海地方で成立したらしい著者不明の『百姓伝記《ひゃくしょうでんき》』は、土の見方、栽培法などを細かく述べている。合理性を追求したこの「伝記」が「山田へハ、取わけ鹿・猿・山とり出て、稲をあらすものなり」と指摘し、それを防ぐために「夜るハ鹿屋《しかや》に居て、弓のつるをと、から鉄炮をならし、おとすへし。鹿屋の下にハ火をいけよ。いわばミ・狼あやまつて人を喰ふ事有」と教えているのはおもしろい。

「いわばミ」は、うわばみ、つまり大蛇で、もちろん実在しないが、オオカミは実際に鹿屋の農民を襲っていたのだろう。ただ「あやまつて」に、襲撃が時たまの事故だったという事情もみえる。

「伝記」は、この部分に続いて、次のような害獣防ぎの秘法を紹介している。

〔一、鹿・猿多く出る時ハ、さうじゆつと狼のふんを合し、ぬかにたきませ、風上に置てハ、雨ふらさる内ハ猿・猪、其外けだもの出さるなり。是秘事也。〕（日本農書全集『百姓伝記』校注・執筆　岡光夫、守田志郎＝農山漁村文化協会）

「さうじゆつ」は蒼朮《そうじゅつ》で、キク科植物のオケラ、あるいはその根を干したもの。

この「秘事」が、広く行われた様子は無い。ただ、「伝記」の著者も、獣害防止のためになお、オオカミの威光を借りていたことはわかる。

「伝記」の少し後、元禄九年（一六九六）に成立した宮崎安貞《みやざきやすさだ》『農業全書《のうぎょうぜんしょ》』には、オオカミの名は出てこない。鳥獣対策の説明は、簡潔になり、より合理的となる。

小麦は「山畠など、猪、鹿、鳥の當る所には毛のあるを作るべし」（貝原楽軒刪補、土屋喬雄校訂『農業全書』岩波書店）。著者は、「毛」、穂の先に出た「芒（のぎ）」が、鳥獣防ぎになると考えていたようだ。

「全書」には、「伝記」が取り上げている、池や川が思いがけず深くなり、災難が生じる時は、龍の住みかになっていると心得ろ、などといった他愛ない話は、出てこない。自己の工夫と努力で問題を解決しようとする姿勢がよりはっきりしている。「全書」が、どんな形にしろ、オオカミに依存しなかったのは、主に平地を念頭に置いていたことに加え、この性格とも無縁ではあるまい。精神的なオオカミ離れだ。そして、江戸時代を代表する農書とされてきたのは、「全書」だった。

近世の都市の拡大と農業以外の産業の発展も山林を圧迫した。

一七世紀は、城下町を中心にした都市建設の時代であった。木造の家屋が軒を連ねる都市は、度々、大火災にも見舞われ、建築材としての木材、そして人々の生活における燃料材として、多量の樹木が消費された。建築用材供給地である紀伊半島では、一七世紀中ごろには早くも山林の乱伐が問題になっている。

盛んになった瀬戸内海沿岸を中心にした製塩業、各地に窯がつくられた焼物業も、木を燃料にした。

こうして、ついに禿げ山になった所も少なくない。

森林には、水を蓄え、土を保全する働きがある。近世前期に各地で起きた洪水は、山地の荒廃と時期的にも重なる。『百姓伝記』の著者は、「万治年中より寛文年中」(一六五八―七三)は、「諸国に大水出ること多く、田畑に損毛多く」と書き残している。

寛文六年(一六六六)二月、幕府が「諸国山川掟」を出し、開発の規制に乗り出したのは、そうした現実に追い込まれた結果であろう。

〔覚　山川掟

一、近年は草木之根迄掘取候故、風雨之時分、川筋え土砂流出、水行滞候之間、自今以後、草木之根掘取候儀、可為停止事、

一、川上左右之山方木立無之所々ハ、当春より木苗を植付、土砂不流落様可仕事、

一、従前々之川筋河原等に、新規之田畑起之儀、或竹木葭萱を仕立、新規之築出いたし、迫川筋申間敷事、

附、山中焼畑新規に仕間敷事」（『江戸時代』）

神沢杜口《かんざわとこう》も寛政三年（一七九一）に成立した『翁草』で山と川の荒れぶりを率直に指摘した。杜口は京都町奉行の元与力。時期は一七〇〇年以降だろう。

〔近世所々の川々さしたる洪水ならねど、堤切水溢れて、動《やや》もすれば田処に害あり。是時運の為す所にも有べけれど、一つには泰平永きゆゑ、山林を伐出す事多く、川上の山荒、土流る、事古へに倍す。〕

山林の開発は、野生動物たちを圧迫しただけではない。伐採跡地はシカを増やした。新開農地は獣たちにエサを供給した。数の増加、生息環境の変化が、今度は彼らを追い詰める。一八世紀、全国各地で、シカ、イノシシなどが農作物を荒らした記録が多くなる。

『徳川実紀』にも、享保一四年（一七二九）二月、それまで関東八州の「猪鹿の患ある所」では、月日を限って鉄砲をうつことを許していたが、今後は、農民に鉄砲を預け、いつでも「猪鹿うたしむ」ようになった、との記述がある。

山国・吉野の獣害記録も、一八世紀からのものが多い。川上村高原区有文書にある正徳六年（一七一六）三月の「吉野郡古御蔵入四十一ヶ村歎願控」はその一つだ（『川上村史　史料編上巻』川上村教育委員会）。これに「吉野郡之儀ハ極山中皆畠ニ而、第一粟、稗、芋、大豆、小豆作仕候処、猪鹿猿近年夥敷徘徊仕、作物をあらし申ニ付、猪鹿垣并垣内々ニ幾所も小垣を仕毎夜猪鹿追仕候」と獣害の状況を述べた箇所がある。

「近年夥敷徘徊」は、害を強調するための定型的な言い方でもあったのだろうが、ある程度は地域の事情を知っていたであろう役人に何回も使える文句ではあるまい。

シカ等の増減は、それを捕食するオオカミの生存を不安定にした。追いつめられたオオカミの目が、家畜や、普通なら襲う習性が無かったらしい人間に向くようになっても、不思議はない。

藤森栄一さんは、『古道』で、一七〇〇年ごろ、信濃と越中で、狼害が急増した原因の一つに、シカの激減の可能性を指摘した。そのことは、開発、自然荒廃との関係でみると、新たな意味を持ってくる。

❖「一村空と作す《な》」❖

元禄五年（一六九二）九月の自序がある人見必大《ひとみひつだい》（野丹岳《やたんがく》）の『本朝食鑑《ほんちょうしょっかん》』（『覆刻　日本古典全集』現代思潮新社）は、薬になる動植物、鉱物などの研究を紹介した本草学の書だ。この本草学という学問は、江戸時代に盛んになった。慶長一二年（一六〇七）、中国・明代の李時珍が著した『本草綱目』が伝わり、わが国本草書の手本となった。「食鑑」は、動植物の分類法などは「綱目」にならい、内容も同じところがあるが、「狼」の項目には、実際のニホンオオカミの生態と思われる記述がある。同書が書かれたのは、狂犬病がわが国で、初めて流行する前である。

「狼」項の「集解」を読み下してみる。原文は、漢文である。読み下し文は、一部漢字を仮名に直し、句読点を入れた所もある。

〔狼は狗に似て大なり。豺《さい》の属。山野処々多く有り。鋭頭尖喙《せんかい》、白頬、駢脇《べんきょう》、前高く、後脚広くやや短し。その色雑黄黒、あるいは蒼灰《そうかい》。その声大にて遠く聞こえ、口濶《ひろ》く大いにさけて耳に及ぶ。歯牙剛利にて金鉄を噬《か》む。ゆえに一たび物を噬みて断たずということなし。一たび物を噬みて尽くさずということなし。その力もまた強く、能く人畜を負う。春、夏は、夜々、山林を出て村鄽《そんてん》（村里）に至て牛馬鶏犬及び児女を竊《ぬす》み食う。たまたま出てついに一村空と作す。秋冬は潜《かく》れて穴居す。性敏《さと》く能く機を知る。もし、人猟せんと欲するときは、則ちあらかじめ識りて深く匿《かく》れて出でず。四趾みずかき有て能く水を渡る。あるいは、砲火縄の気をかぐときは、則ち遠く避けて去る。猟夫、能《よ》く謀りて之を取る。もし、一、二を斃《たお》すときは、則ちその余は久しく至らず。人の怠慢を待ちて来たる。猟夫もまた迎えてこれを撃つ。あるいはいわく、人、讎《しゅう》せざるときは則ち狼害せず、人善く彼を遇すれば、則ち、狼もまた報ゆるに善を以てす。もし人夜独り山野の幽蹊を行きて狼、人を見れば、あるいは前へ、あるいは後に列を成して随い行く。これを俚俗に送り狼という。人、彼に敵せず、粛懼《しゅくく》して、命を請えば、則ち、狼もまた首をたれて伏し、反てその人を護《まもり》て盗豺狐狸の害を拒《ふせ》ぐ。あるいは狼、人の屍を見れば、必ずその者の上を躍り超ゆる。一進一退、これに尿し後にこれを食う。かくのごときは、猛獣の戻《れい》といえどもなお仁義の端有るか。しかれども獣心の暴忍、饑《う》うるに及べば豈《あ》に是非の情有らんや。人の利を貪り、物を害する、これを虎狼に比す。故に俚諺、内に猛に外に懦《だ》なるをもって、狼の衲衣《のうえ》を着るが如しと。本邦、もとより虎象無し。ただ、豺狼熊羆《ゆうひ》を以て走獣の長と為すなり。およそ、狼、子を生みて必ず村里に近づいて穴居す。これ、人の食餘をもとむるがためなり。もし人、知りてこれを弄するときは處を易《か》う。江東の山人、好んで狼を食して人をして勇悍ならしむという。しかれども肉硬く味わい靱にて佳ならず。ただ寒疝冷積《かんせんれいしゃく》（疝気と癪《しゃく》）の人、これを食す宜《べ》し」

以上のうち、初めの方にあるオオカミの大きさ、形、色の説明と、最後の部分の、肉が冷積の人に効く、という箇所は、『本草綱目』にほぼ同じ内容がみられる。

季節ごとの生態について述べたところ以下は、「綱目」には無い内容が多く、ニホンオオカミについて聞いたことを、取り入れたようだ。

それにしても、春夏は、村を襲い家畜どころか子供、女性まで盗む、そのために一つの村が空になる、という事件が、実際にわが国で起きていたのだろうか。事実とすれば、恐ろし過ぎる。しかし、わが国にそれに類した風評が伝わっていた可能性はある。

時代は下る。文化九年（一八一二）春、桑原藤泰が大井川を遡った時の記録「大井河源紀行」にオオカミのため、皆殺しにされたと言い伝えられている村のことが出ている。

大井川左岸に連なる山の中の道をたどっていた藤泰と道案内の二人が、峯山（現静岡市・峯山）から臼平（静岡県島田市川根町臼平）へ抜ける小竹におおわれた峠を越えた時だった。「笠間川の上流」に出ると川辺の砂場に何かの糞がある。「黒し《ママ》て臭《くさ》きこと甚し。」休んでいた藤泰を案内人は顔色を変えてせきたてた。やっと臼平に着いて案内が言った。「今し瀧の本に憩《いこ》ひ給ふ時、我等は大に心苦しかりし、此笹間の谷は豺狼《さいろう》のすみかにて、此奥なる尻高《しんたか》の山《やまの》ものはむかし狼の爲に喰殺《くい》し盡《つく》されたり、といへり。今過し川の向ひの砂地にありし悪臭は豺狼の人を喰《くら》し糞なり。あの渡口の繁茂に病犬正しく臥《ふし》いたるゆえに、路次を急速《すみやか》に申すゝめまいらせしなり。」臼平村の家に駆け入ってからそこの主に尻高村の場所を尋ねると、「尻高といふはこの谷の奥にて今各々の来り給ひし上なり。元山家《さんか》二、三戸ありしが今は退転して只《ただ》不動堂のあるのみと答ふ。」

山中の村が消えたのが、「喰殺し盡されたり」と、「退転」したのとでは、別の事実である。地元の臼平の人間は「退転」の原因がオオカミだ、とも言っていない。「食鑑」の「一村作空」も、わが国での出来事なら、たまたま生じたオオカミの人間襲撃、あるいは、周辺でその風評が広まる中、生活苦など他の要因もあって人々が集落を捨てた、という話が、いささか誇張されて流布した、というのが、実際に近いのではなかろうか。

「豺狼」

中国から輸入した言葉は、自然環境と動物相が異なるわが国で、そのまま使えるものばかりではなかった。「豺狼」もその一つだ。

中国の戦国時代の紀元前二三〇年ごろ成立、その後加筆された『韓非子』にも、「豺狼」がヒツジを捕食する話が出てくる。中国には虎やヒョウが生息し、古代文明を育てた黄河流域の周辺には、巨大なヒグマが分布して「熊」とは別に「羆」の字もあるのに、『韓非子』が家畜、特にヒツジを襲う獣の代表にしたのは「豺狼」だった。中国では、古代からこの二文字が、それぞれ別の動物を指していた。

『説文』は、「豺、狼屬、狗聲」、「狼、似犬鋭頭白頰…」と分け、それぞれの特徴をあげている（諸橋轍次『大漢和辞典』大修館書店）。

『本草綱目』も「豺」と「狼」を別種にした。

「豺」の説明は「処々の山中にいて狼の属。形は犬に似ており、尾は長い。体は細くやせ、健猛。毛は黄褐色。虎もこれを畏れる。羊を喜んで食べる、声は犬のようだ」などだ。一方、「狼」は「豺の属なり。処々にいる。穴に住み、形、大きさは犬の如し。鋭頭で口はとがる。鶏鴨鼠を食べ、色は黄黒が交じり、また蒼灰色のもある。声は大きくまた小さくもでき、子供の啼《な》く声を作って人を魅することができる」などと描写する。

同書の記述では、「豺」と「狼」は、共に形は犬に似ているが、「豺」が「狼」と異なる点は、山中におり、体は細くやせ、健猛、毛は黄褐色、虎もこれを恐れ、羊を好む、犬のように啼く、などだ。「狼」は、わざわざ「鋭頭尖喙《せんかい》」と断っているから「豺」の方が、丸顔なのだろう。

『本草綱目』に出ている「狼」に比べての「豺」の特徴が、ほぼ当てはまる動物が中国にはいる。オオカミと同じイヌ科のドールだ。体重はオオカミの半分から三分の一。東南アジアからシベリアまで分布し、やはり群れの力で大型獣を追跡し、狩る。オオカミが比較的開けた所に生息するのに対し、森林の中を好み、イヌのように短く吠える点もオオカミとは違う。インドでは現在でもトラはドールを避けるという報告がある点も「綱目」の記述に合致する。

ドールは日本列島にはいない。古代のわが国の学者も「豺」を何にするか、困ったらしい。平安時代の前期に成立し、薬物の漢名とそれに対応する日本名を記した深根輔仁《ふかねすけひと》の『本草和名《ほんぞうわみょう》』は、「犲」にも「狼」にも、和名は、「於保加美」（おおかみ）を当てた。その後、平安時代中期の源　順《みなもとのしたごう》『倭名類聚抄』は、「豺狼」は「一物」とし、「兼名苑云狼一名豺」と説明した。この文中の「狼」は「音即和名於保加美」である。やはり「豺」と「狼」は、同じ動物あつかいだ。

『兼名苑』が「狼一名豺」としたのは、同じ中国書でも、「綱目」などとは異なる分類法だ。

これに対し、わが国の近世・江戸時代の本草学者たちは、「豺」と「狼」は別の動物とした『本草綱目』の影響の下で、両者を区別しなければならなくなった。学者たちは、またしても、「豺」のあつかいに苦心している。

『本朝食鑑』は、「綱目」と同じように一応、「狼」と「豺」を分けた。「狼」の項で、必大は源順に異を唱え、「豺狼相類シ、倶ニ犬ニ似テ狼ハ肥ヘ豺ハ痩セ、毛色亦殊（筆者注・異）ナリ、其ノ健猛殊ナラズ」（以下も読み下しは筆

「狼」＝オオカミ
「豺狼」の一方の「狼」は「鋭頭で口はとがる」「色は黄黒が交じり、また蒼灰色のもある」（名古屋・東山動物園）

者）と、体形と毛色を両者の区別点にあげ、「狼」の毛色は「雑黄黒或ハ蒼灰」とした。「豺」には、名を解説したところで、「今俗ニ呼ンデ山犬ト称ス、或ハ狼ト相イ混ジテ互イニ稱ス」と、まず「山犬」を当て、「狼」との混同も指摘した。「豺」の形、行動の説明文でも「豺ハ大抵狼ト同ジ、故ニ通俗互イニ名イフ」と、「狼」との区別にとまどいをみせ、「若シ細カク之ヲ辨ズレバ」と、「綱目」が「豺」の特徴としてあげている諸点や、足に水かきが無いので水を渡れない、というわが国に伝わる「山犬」とオオカミの相違点についての説を取り上げてはいるが、「其ノ健猛多力勁牙大口、狼ト相同ジ」と、やはり、独立種とすることに苦労している。「豺」の毛色には触れていない。

宝永六年（一七〇九）刊の貝原益軒『大和本草《やまとほんぞう》』も、「豺狼別物也」と、はっきり区別した。「豺」は、「ヤマイヌ」と読ませ、「其形状狼ニ似テ不レ同、其性甚アシ、不レ可レ食、其色不レ一」と説明した。色が一つでない、というのは、「綱目」にはない部分だ。一方、「狼」は「オホカメ」であり、「豺ニ似テ異レリ、性ヨシ。可レ食。豺狼別物也」、「狼ハ豺ヨリタケク、其牙亦ツヨシ、能（ク）物ヲカミキル、日本ニハ虎ナシ、狼ヨリタケキ獣ナシ。其毛色多ハ淡紅褐色ナリ」という獣だった。

正徳三年（一七一三）の序がある寺島良安の『和漢三才圖會《わかんさんさいずえ》』（東京美術）も、両者を別種とし、「豺」は、「やまいぬ」、「俗云也末以奴」（「俗ニ云《いう》山狗《やまいぬ》」）とした。「豺」の説明は、大部分が『本草綱目』からの引用であり、わが国では何がそれに該当する動物と考えたのか、わかりにくい。ただ、「山行ノ人　怖レ之ヲ　甚シ二於狼ヨリ一」という説明に、両者の区別がみえる。

文化三年（一八〇六）刊の小野蘭山『本草綱目啓蒙』は、「豺」に、方言も交えて「ヤマイヌ　ヤマノイヌ　オホイヌ（能州）ヲガラ」を当て、「冬春ノ間、山ニ大雪アリテ食ニ乏ケレバ里ニ出テ人ヲ害スルコト狼ノ如シ」と、その凶暴性を言う。「豺」は、「形ハ狗ニ似テ大ニ體瘦テ」おり、毛の色は、「全身黄褐色ナル者多シ、又虎斑ナルモ他色ナルモアリ。」

「豺」をヤマイヌと考えるのは、近世では、通説になっていたようだ。

「豺」＝ドール
古代のわが国の学者を困らせた「豺」＝ドールは、オオカミに比べて小型で丸顔。写真は1989年に大阪・天王寺動物園で撮ったもの。現在はいない。

以上のわが国近世の本草書にある「狼」がニホンオオカミを指していることに、疑問は無い。

それでは、わが国で、「豺」は、実際には何だったのか、が問題になる。近世の本草書も、「豺」が、犬、「狼」に似ている点は認めているが、日本列島にはオオカミと並び称されるようなイヌ科動物は、自然分布していなかった。「豺」に該当する動物を強いて捜せば本来の野生動物ではないが、飼いイヌが山野で自活するようになったノイヌ（野犬）がいるくらいだ。

『大和本草』は、「豺」は「其色不㆑一」と述べ、強さでは、オオカミの下位に置いた。『本草綱目啓蒙』は、「豺」の毛色には、「虎斑ナルモ他色ナルモアリ」と述べた。これらの学者が「豺」に当てて考えた動物は、野犬以外にはない。『和漢三才圖會』が、山に行く人はオオカミ以上に恐れる、と書いたその凶暴さは、中国書にある「豺」から来た先入観もあっただろうが、完全には人間からは離れられず、人里周辺でいつも人間のすきをうかがっていたであろう彼らは、オオカミよりかえってやっかいだった面があったのではなかろうか。

「狼」はニホンオオカミであり、学者たちが、「ヤマイヌ」と同一視した「豺」は、ノイヌと考えれば、中国の「豺狼」を動物相の異なる日本に、そのまま持ち込んだことに伴う混乱は、一応整理できる。しかし、ニホンオオカミもヤマイヌと呼ばれることがあったから、名前の関係は複雑になった。

今も「豺」をヤマイヌと解釈する辞典は存在する。「豺」をめぐる混乱は、現在も続いているのだ。

❖ヨーロッパ❖

わが国でのオオカミへの対し方と文献に現れた中国でのオオカミ観との差は、わが国とヨーロッパのそれとの距離に通じるものだ。むしろこの二地域と対比すると、わが国のオオカミ像が特異なのである。

この違いを生んだのは、これまでも述べてきたように、中国、欧州の農業が食用家畜を持ち、あるいは経営上不可欠としたのに対し、わが国の農業がそれを欠いていたことだ。

安土桃山時代の文禄二年（一五九三）、天草版のローマ字本『イソップ物語』が刊行された。紀元前六〇〇年ごろ、古代ギリシアにいたイソップが書いたものと、後世の加筆部分で成る、との指摘があるこの寓話集は、国字本の絵入り『伊曽保《イソホ》物語』も出された。

「イソップ」には、子ヒツジ、子ヤギとそれを食べようとするオオカミとの関係を主軸にした物語がいくつかある。当時、この物語が広がった地域では、ヒツジとヤギが重要な家畜であり、それをオオカミが襲っていたのである。

ヨーロッパ文明発祥の地である地中海沿岸は現在、木もまばらな岩山が続いている。しかし、近年、土層の中に残っている植物の花粉の調査で、そのような景色も多くは人間が森を伐採した結果だったことがわかってきた。

ギリシア文明に先立って栄えたクレタ島のミノア文明（紀元前二〇〇〇―同一四〇〇）、ペロポネソス半島のミケーネ文明（紀元前一七〇〇―一二〇〇）は森を食いつぶして衰退した。その轍《てつ》を、後のギリシア、ローマも踏んだ。燃料が底をつき、何よりも土地がやせ、土壌が流出して食糧不足に陥ったのである（『森と文明の物語―環境考古学は語る』から）。

森林の再生は、乾燥と夏の高温が阻んだ。荒地が広がった地中海沿岸では、そんな土地でも育つ草があれば成立する牧畜は、人々が生きていくために不可欠だった。その家畜もヤセ地の貧弱な草でも生きられるヒツジやヤギが中心になった。彼らは、幼木を食害し、森林の再生をさらに妨げたのである。これらの家畜は、オオカミの格好のエサだ。「イソップ」が書かれたころ、この地域でオオカミは、牧者にとって、恐れと憎しみの対象であり、家畜の重要さを考えると、そうした認識は農民以外にも広がっていただろう。

キリスト教の新約聖書も、やはり乾燥した遊牧地帯を基盤に成立した。聖書でも、オオカミは凶悪、貪欲の代名詞であり、ヒツジの善良さに対比されている。

「ヨハネによる福音書」で、イエスは、自分を良い羊飼いと呼び、「良い羊飼いは、羊のために命を捨てる。しかし羊飼いではなく、羊が自分のものでない雇人は、オオカミが来るのを見ると羊を捨てて逃げる。オオカミは羊をくい、かつ追い散らす」と、語っている。

アルプス以北のヨーロッパに住む人々も、「イソップ」と同じようなオオカミ像を持つようになっていく。西欧北西部も、主に冷涼な気候のために、牧畜に適し、かつ、それゆえに、農業経営の中で畜産は不可欠だった。わが国とは違い、その気候は人が手間をかけなくてもヤブ化を阻止し、牧草地をつくった。そこには柔らかく長い草でないと食べられない牛も放せる。

欧州北側は、わが国より寒冷で雨が少なく、水稲を栽培できない。この地域でつくられる穀物は麦だった。麦は、水稲とは異なり、連作障害を避けるためと、無肥料栽培時代には地力回復のため、一度栽培すると、ある期間土地を休ませる必要があった。その間は畑を家畜の牧草地や飼料畑にするしかなかったのである。

家畜を狙うオオカミとの戦いには、人々の生存が懸かっていた。

その欧州でもローマの建国神話で、川に流された双子のロムルスとレムスを救ったのは、雌オオカミだった。二人に授乳している彼女の姿が貨幣に刻まれていた。しかし、欧州で人とオオカミの対立は厳しくなっていく。

一二世紀は北部の大開墾時代だった。その後も森林の伐採は進む。イギリスでは、一五四三年、ヘンリー八世が「森林保護条例」を出し、森の衰退に危機感を表した。一六世紀に入ってから、製塩やガラス工業、製鉄など、盛んになった工業の燃料として木材の需要が急速に増えていたのだ。一八世紀のはじめ、イングランドは、燃料危機に直面した。

中世（〜一五世紀中ごろ）の末、欧州では穀物価格の低迷と毛織物工業の拡大を背景に大規模牧羊が広がる。牧羊の拡大は、ヒツジを狙うオオカミと人との紛争を激化させただろう。

アーネスト・T・シートンがヨーロッパの「歴史に名をとどめるもっとも恐ろしいオオカミ」として名をあげたのは「人食いオオカミの部類にはいる」次の二頭だった（藤原英司訳『シートン動物記５　歴史に残る動物たち』集英社）。

一頭は「フランスの狼王、クルトー」だ。彼は一四三〇年冬の極寒期、群れを率い凍結したセーヌ川の水門からパリに侵入、祈りを終えてノートル・ダム寺院の外に出た司祭の一行四〇人を殺し、人肉をむさぼった。もう一頭は「一七六四年に南フランスに現れた〝ジェェイボウダーンの鬼オオカミ〟」である。三年の間に「一二〇人以上の人間を殺害し」て「人狼《ル・ガルー》」と呼ばれるようになった。

中世が終わりに近付いたころから、西欧の歴史に、今も語り継がれているようなこれらのオオカミが登場した本当の意味は、前述した歴史的環境の中で彼らをみないとつかめないだろう。彼らの横行は、その時代の、人とオオカミとの緊迫状態を、象徴的に語っていた。

一六、一七世紀、西欧のキリスト教世界では、魔女狩りの旋風が吹き荒れ、その矛先は、異端者の姿と重なるオオカミ人間にも向けられた。聖書の中のオオカミ像が定着したこととともに実際に人間と彼らとの対立が激化していたことが、その契機になったのではないか。

ヨーロッパでのオオカミ観は、わが国でのそれとは古代から異なり、その差は、中世の末からよりはっきりしたようにみえる。

現在の日本人がよく知っている、近代西欧のオオカミ観を示す説話は、ドイツのグリム兄弟の『グリム童話集』にある「狼と七匹の子やぎ」や、「赤ずきん」だろう。両話とも一八一二年の採集であり、源はフランスにある、という（植田敏郎訳『ブレーメンの音楽師』あとがき、新潮社）。これらの物語の中のオオカミは狡猾《こうかつ》で貪欲、凶暴なだけの獣である。

❖都市住民❖

江戸時代の後半、都市生活者たちの間では、恐怖の的となったオオカミ像が、実際の生態とは別に、一人歩きしていく。

一八世紀後半半ば過ぎから、幕府の佐渡奉行、江戸町奉行などを歴任した根岸鎮衛《やすもり》（元文二年―文化一二年、一七三七―一八一五）が、来客の話などを書き留めた『耳嚢《みみぶくろ》』に、オオカミは、当然人を襲うものという見方と、無害説の双方が出ている。数は前者の方が多い。

彼がこれを書いたころ、各地で狼害の記録が増えており、狂犬病の恐ろしさは、すでに知れ渡っていた。

「天作其理《てんさくその》を極《きわ》めし事」

〔佐渡の国は牛・馬・猫・犬・鼠の類の外獣《けだ》ものなし。田作をあらすべき猪・鹿もなく、人を化《ばか》し害を為せる狐・狼の類ひもなければ、庶民も其愁ひをまぬがれぬ。〕（長谷川強校注『耳嚢』岩波書店）

「孝童自然に禍を免れし事」は、相模で夕立の中、雷嫌いの父を案じて耕作している所へ弁当を持って来た六、七歳の男の子の帰り道を一頭のオオカミがつけたが、雷に打たれて死んだ、という話だ。

「座頭《ざとう》の頓才にて狼災を遁れし事」

▽下野の者が、日光街道筋の地に用があって出掛け、大鋸を腰にさした木挽体《こびきてい》の一人と座頭一人と共に茶店の者が「此《この》程は右道筋に狼多く出て害をなすと聞《きき》ければ、夜中行給ふ事不可然《しかるべからず》」と止めるのを振り切って出発する。「程なく日暮《くれ》て野道にかゝりしに、案に違《たが》わず狼一、弐疋《ひき》見へしが、其脇《わき》を通り抜けて事なく行過《ゆきすぎ》しに、亦向ふを見れば狼数拾疋群れ居て、或ひは吠え、亦は物を捜す体にて中〱通難《とおりがた》く、こなたへ向来《むかい》る様子故、手頃《てごろ》なる木へ登りて三人共うづくまり居しが、右狼たちさる体にも見えず。」そこで、座頭が木挽の大鋸を借り自分のきせるで激しく叩くとその音に驚いたのか、オオカミはどこかへ散ってしまい、三人共目的地へ着けた。△

一方、「狼を取《とる》奇法の事」の項にある話は、当時の江戸市中にも、オオカミは、人に危害を加えないという考えが伝わっていたことを示す。

〔文化未《ひつじ》の年、在方《ざいかた》より狼の子見せものに成《なす》とて、八王子辺のもの江戸へひき来りしを、心ある町長の者、「かゝる猛獣は後の害も候間、江戸内に差置《さしおく》儀無用」の旨制し候故、早速在方え連帰り候由。然る処四谷糀《こうじ》町辺にて、小犬等を喰殺し有之義《これある》を、右の狼の子のなす業と巷説有《あり》し故、よく〳〵聞糺《ききただ》させし処、右犬の子を喰殺《くいころし》たるは病犬《やまいぬ》のよし、人など狼怪我為致《いたさせ》候事は曾《かつ》て無之《これなき》よし、上向《うえむき》より御尋《たずね》の節も答に及び候。」

「文化末の年」は文化八年（一八一一）。

この部分に続いて項の題にしているオオカミを捕らえる方法が出ている。

〔夫《それ》に付《つき》狼を取《とる》甚《はなはだ》奇法、若《もし》巷説のごとくならば其法を施し可然《しかるべき》よし。狼は至《いたつ》て生塩を好き候もの故、生塩の内へまちんを隠し入《いれ》て、其狼の誹諧《（徘徊）》する所に置《おけ》ば、好品《このむ》故喰て其命をおとし、不死共《しなずとも》手取《てどり》に成《なり》候由、人の咄《はな》しける。峰岡・小金抔《など》にて馬の防ぎに用ひ候由をも聞しが、或る医師の神奈川辺の者に聞し由、狼は塩か汐水《しおみず》かを好、折ふし里へ出候よし聞しと云々。〕

「まちん」は、猛毒。峰岡・小金は、幕府の直轄牧場で、峰岡は房総半島の先端に近い所、小金は江戸川をはさんで江戸の東側一帯だ。

「豺狼《さいろう》又義気ある事」の主題は、項の名の通りで、オオカミがいつも魚をくれていた人を、災難から守る、という筋だ。この話は後で紹介する。

「狼を取奇法の事」以外の話に年代は入っていない。

このように、オオカミは、人を害さないもの、義を知っている、という考えと、人を襲うのは当然という、相反する見方が、同じ書物に入っていても、書いた鎮衛自身はもちろん、おそらく読む方も、矛盾とは感じなかったのだろう。同書は、オオカミを神の使いとする信仰にも触れているのだ。

オオカミの子を見せ物にした話は、松浦静山《まつうらせいざん》の『甲子夜話《かっしやわ》』にも出ている。

〔蒲生亮が京に住し中、雲伯両州に往しと云故、両州の話あれ是《これ》と聞しが、伯州の大山《ダイセン》は上り七里。山勢陵遅にして上り易し。（略）亮彼所へ往しとき、四里程を上りて此処に宿せしが、その辺は総て牧地にて、馬を産ること最多し。又山林も深と覚へて、夜陰に狼声よく聞ゆ。さすれば狼も多きなるべし。其鳴声何《いか》にと問へば、牛の吼る如しとぞ。

又彼地にて狼子を捕へしが、形は猫よりやゝ大にして愛すべし。因て雲州松江城下に携行る者ありて見せ物にしたり。その時見物の中、里犬を牽来りて狼子を見せんと為しに、大なる犬なりしが、中ほど三間もあらんほどより曽て進まず。鞭うてども何分にも先に出でず、立還れりとぞ。狼子は小にして意なかりしが、その威風の自から在るにや迚《とて》人々驚けり。」

〔又狼は昼臥して温柔なり。夜に及べば奮起して鳴走る。その毛天を衝くと。尤陰獣とすべし。〕（校訂者　中村幸彦、中野三敏『甲子夜話』平凡社）

静山が、「夜話」を書いたのは、文政四年（一八二一）から同一〇年の間である。

幕臣、鈴木桃野（寛政十二年―嘉永五年、一八〇〇―五二）の『反古のうらがき』の「狼」は、近世の後期、江戸の市中であったオオカミ騒ぎの顚末記だ。

▽「麻布、青山のへんに狼出るとて、おそれあへり。或人の家に六七歳《ろくしちさい》なる男子、夜半に雨戸を細く明て小便せしに、あなやといふ聲聞へければ、父母おどろき出て見るに、もゝのあたり喰切りて、垣のあたりに捨置たり。」近隣から割り木などを手に出て来て探したが、分からなかった。「子は陰嚢へかけてつよく喰れたれば死《しに》けり、其後さだかに見たる者もなけれども、狼に相違あらじとて、夜は戸外に出るものも稀なりけり、」その後四谷、赤坂辺でもすねのあたりをかみつかれる事件が続いた。犯人の正体は「無宿の賊」だった。植え込みの陰に隠れて二本の細い割竹の先に釘を打ったもので人をはさみ、追い剝ぎをはたらいていたのだ。「初の程《ほど》は誠の狼にてもありけん、後はみな此賊の所爲にてぞありける。此者を取らへてより後は、かゝること絶て止《なかり》けり、随て誠の狼もいづち行けん、再び出《で》もやらずなりぬ」△（『日本庶民生活史料集成　第十六巻　奇談・紀聞』三一書房）

本当にオオカミが襲ったのなら傷跡はミミズばれのような「其疵皆歯の入たる跡四五箇所引裂たる」ものとは違う。これをどうしてオオカミの仕業と思ったのか、不思議なほどだ。当時の江戸市中でオオカミは、だれでもすぐその名を思いつく存在でありながら、実際には、風評以上のことは、誰もあまり知っていない動物だったのだろう。

❖狼信仰❖

近世、日本人のオオカミへの対し方に現れた第二の変化は、オオカミを「神使」、あるいは、「神」とさえする信仰が、やはり一八世紀に盛んになったことだ。この時期の獣害の増加と一体の現象である。

埼玉県秩父市大滝の秩父山地、妙法ヶ岳にある三峯神社は、オオカミを眷属《けんぞく》とすることで有名だ。一八世紀後半には、江戸にも知られていた。根岸鎮衛の『耳嚢』も、三峯信仰を取り上げている。「三峰山《みつみねさん》にて犬をかりる事」の項で、そのにぎわいぶりに触れ、「三峰権現を信じ盗難・火難除《かなんよけ》の守護の札を附与する時、犬をかりるといふ事あり。右犬を借る時は盗難・火難に逢ふ事なしとて、都鄙《とひ》の申習《もうしならい》し事なり」と信仰の型を紹介した。

ここの「犬」はオオカミだ。札をもらっても本当に「犬」を貸してもらったのかどうか疑った人が、別当に「犬が目に見えるようにしてもらいたい」と頼むと下山の時、一頭の「狼」につけられてふるえ上がり、また山上に戻って「札だけにしてほしい」と願ったという話もこの項にある。

明治四三年（一九一〇）刊の柳田國男『遠野物語』にも、三峯信仰が当時、東北の三陸地方にまで伝わり、「狼の神」と呼ばれていたことが出ている。

同神社には、オオカミの神使信仰が定着した事情を伝える文書が残っている。

同神社の由来、伝承、現状などをまとめた『三峯山観音院記録』は、開基から「明和八辛卯年迄、凡千四十八年也」などと、明和八年（一七七一）を基準として経過年数を計算した箇所がある（『三峯神社史料集』三峯神社社務所）。

「記録」から、同神社が、オオカミを借りるお札を発行し始め、信仰を広めるまでの主要な出来事を抜き出す。

「一、開山月慶僧都、久年繁栄之所、建武年中戦國によりて諸寺社一統に破滅し」たが、室町時代後期に再興された。

近世、江戸時代に入り、宝永七年（一七一〇）に、当時の住職が亡くなってからは、「以来十餘年之間、無住ニ付、

オオカミを借りる三峯神社のお札
18世紀後半には江戸にも知られるようになった秩父・大滝村の三峯神社の「御眷属」。神使のオオカミを借りることで盗難・火難除の守護とした。写真下はお札。その下部に向かいあって坐る2匹のオオカミの絵（写真上）が刷り込まれている。

當山寶物并諸道具等過半分《（紛）》失、堂社共ニ破壊に及し所、日光法印住職なりて、諸修覆造営し、紛失之品改悉取集之、依而再中興トス。」

日光《にっこう》は「享保五（筆者注・一七二〇）庚子年三月十二日入院、凡貳十四年住職し、寛保三（一七四三）癸亥年二月隠居す、出生當郡上吉田村何某、」

荒れていた三峯神社を、同じ郡内の山村に生まれた日光法印が再中興したのである。お札を発行するようにしたのも日光だ。文化七年（一八一〇）、観音院別当日俊が役所に出した文に次のような記述がある。

〔一、當山御眷屬之由來を尋るに、昔去ル修験者兩人願望有て秩父郡中壹丁毎に山神宮造立せん迚《とて》、此山に來ル處に、深山靈地最勝也とて、此所に足を止め、秩父の總社として山神宮二社建立いたし勸請し給ふ由、是より狼ニ疋宛雲採山に住し、其眷屬八《九》萬《千》餘疋有之由、人々不思議のおもひを成し、日光法印の代に至て甲州邊にて、悉信仰あって拝借之札、當代より始ル〕

この後の方には、次のように書いた箇所がある。

〔一、諸國檀會《（マヽ）》、初尾《（穂）》集、日光法印代相進、下吉田村・上吉田村・日尾・藤倉・河熊・日野澤・信州村々懸合始之〕

〔一、御本社葺替、銅瓦ニ成、享保十一年（筆者注・一七二六）丙午年〕

修験者が、山の神をまつり、その山の神の使いが、オオカミであった、一七二〇年に住職になった日光が、甲州あたりで広く信仰されているオオカミを借りる札を発行し始めた、彼の代になって檀家が増え、金銭、物の奉納が地元から信州の村々に広がるようになった、という内容である。近世のオオカミ神使信仰が盛んになり、広がっていく様子をよく示している。

この「記録」は、オオカミに、どんな願いを祈るのか、という点には触れていないが、三峯神社の神使信仰も、基はオオカミにシカ、イノシシ退治を願ったことからだ。日光がまず信者を増やしたという秩父の山里や信州、広く信仰を集めた甲州は、焼畑が盛んな地域だった。秩父には他にもオオカミを神使としてきた神社がある。伴信友《ばんのぶとも》は、天保一三年（一八四二）刊の『嚶々筆話《おうおうひつわ》』の「しるしの杉追加」に、三峯神社に祈願すれば、「狼来りて猪鹿を治め、又その護符を賜ハりてある人は、其ノ身殃害《ワザワヒ》に遭《アフ》ことなく、又盗賊の難《サマタゲ》なしといへり」と書いている（『日本随筆大成』）。お札を出し始めた詳しい時期は、分からないが、そのことが神社中興を支えたのなら、日光が住職になって六年後の享保一一年（一七二六）には、社殿を銅瓦に葺き替えているから、入山してまもなくだろう。信仰の急速な広がりようがうかがえる。それが、享保一七年に始まる狂犬病大流行の前だったことに注意しておきたい。

同社のオオカミ神使信仰が、世に知られるようになったのは、一八世紀の前半に間違いあるまい。

中部山岳地の一角にある静岡県浜松市天竜区水窪《みさくぼ》町の山住神社は、今でもオオカミ信仰の一拠点である。柳田國男は、『山姥奇聞』（大正一五年、一九二六）に、「百年前の記録」である「遠江國風土記傳」にある次のような山住神社の由来伝承を紹介した。

〔豊田郡久良幾山、奥山郷大井村字泉に至り、巌一所、明光寺の山の上、名づけて子生たわと謂ふ。天徳年間山姥これに住し、時として民家の紡績を助く。多年にして三子を生む。一男名は龍筑房、龍頭嶺の山の主なり。二男は白髪童子、戸口村神之澤の山の主なり。三男常光房は山住奥院の山の主なり。〕

柳田は、この引用文に次の説明を続けている。

〔山住の常光神社は今なほ参遠地方の霊神としてあふがれてゐる。この神の使ひは御犬即ち狼であつて、信徒がこれを招請して、あらゆる邪悪を驅逐治罰せしめるといふ。

しかも、同じ書物によれば、山姥の三子は或時は里に下つて民家の小児を害したために、平賀中務、矢部後藤左衞門の二人が朝命を奉じてこれを征伐し、その子孫の者終に土着して奥山郷に住んだといふ。〕（『定本柳田國男集第四巻妖怪談義』筑摩書房）

この常光神社は、山住神社の奥の院だ。山姥の三人の子が里の小児を殺したというのは、オオカミと重なる行動である。それでも、人々は、オオカミを神使の位置から降ろさなかったのだ。

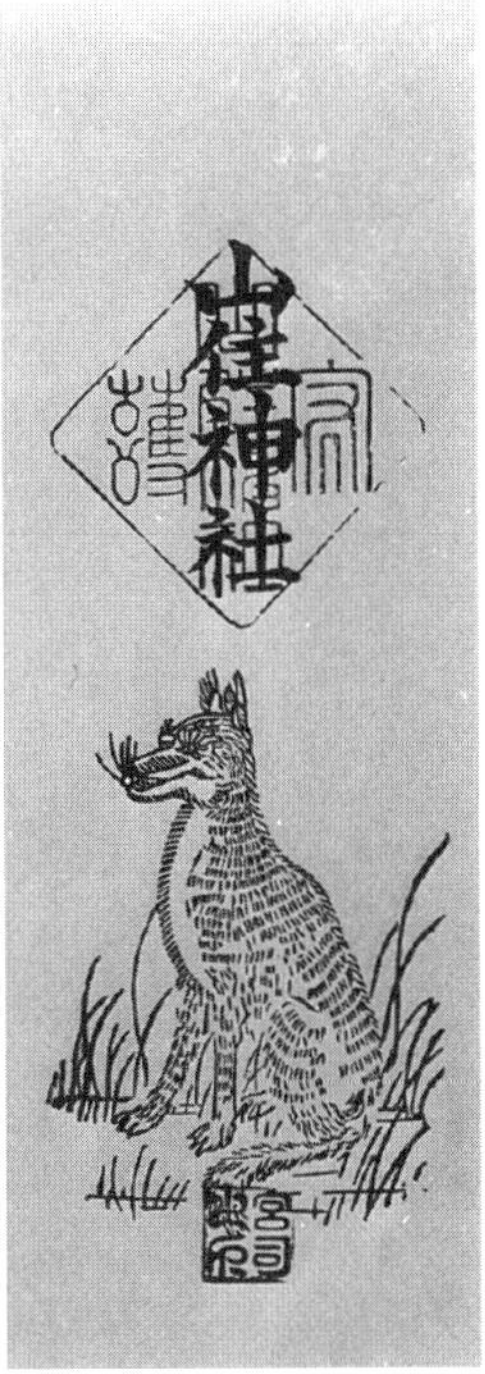

山住神社のお札　写真上はお札に刷られたオオカミ像。

但馬・兵庫県養父《やぶ》市の養父神社のオオカミ信仰は、江戸時代中期、一八世紀後半、百井塘雨《ももいとうう》が書いた道中記『笈埃随筆』に、「但馬国妙見山は、麓の観音寺村より坂路百町計り、」「この山の後の麓に養父明神在す。狼を使令とし、宮前に大石をもて、狼の雌雄彫造し、鉄鎖をもって繋で左右に有り。諸社の高麗犬の如し」と出ている。今では像を鎖で留めてはいない。この文は、さらに続き、「隣国の村々にて、猪鹿のために田畑を荒さるゝ事あれば、この明神へ参り立願して狼をかり用ひんといへば、社人彼の繋たる鎖を解て其願にまかす。然して帰れば、猪鹿の荒るゝ事なし」と獣害防止のためオオカミを借りる方法を述べて「誠に珍敷事也」と結んでいる（『日本随筆大成』）。この文では、オオカミを明神の直接の使いとしているが、現在、オオカミ信仰を伝えているのは境内社の山野口神社だ。

丹後の京都府舞鶴市にある大川神社の信仰も、『嚶々筆話』の「しるしの杉追加」に出ている。

〔丹後ノ国加佐ノ郡に、大川大明神の社あり。此ノ神社式に載《ノセ》られたり。狼を使者《ツカハシメ》とし給ふといひ伝

大川神社のこま犬

オオカミと言い伝えられている。

石のオオカミ

大川神社（京都府舞鶴市）ではイノシシやシカなどの害獣を「逐治《おいおさ》」めるオオカミを貸す時に小さな石像を渡していた。眼光が鋭い。

えて、其ノ近辺《ワタリ》の山々に、狼多くすめり。更に人の害《サマタゲ》をなす事なし。諸国《クニグニ》の山辺《ヤマカタツキ》たる処にて、猪鹿の多く出て、田穀《タナツモノ》を害《ソコナ》ふ時、彼ノ神に白《マヲシ》て、日数をかぎりて、狼を貸《カシ》賜はらむ事を祈請《コヒノメ》ば、狼速《スミヤカ》に其ノ郷《サト》の山に来入居《キイリヲ》り、猪鹿を逐治《オヒヲサ》むとぞ。」

　今もオオカミと言い伝えられているこま犬の台座には「寛延」（一七四八―五一）の年号が刻まれている。

　以上に取り上げた各神社のオオカミ神使信仰の記録などが、一八世紀に入ってから、それも半ば前後に集中しているのは、偶然ではあるまい。各神社の信仰は、同根か、互いに影響しながら、成立、流布したのだろう。広まりはじめた時期を考えるには、一八世紀前半という三峯神社の記録は、大きな手掛かりだ。

　このころになって、オオカミ神使信仰が表に出、脚光を浴びるようになった理由は、いくつか考えられる。

　第一の理由は、そのころ山地やその周辺部で、イノシシやシカによる農作物の被害が、深刻になっていたことだ。

　二つ目は、狂犬病の流行や、山野の開発に伴いオオカミの人間襲撃が増えたことである。つまり、「病犬」除け、狼害除けの祈願だ。

三つ目には、この時代になって本格的に形成された、江戸など都市の住民が盗難、火災などから逃れるため、すがれる心の拠り所を求めたのだろう。

❖国学❖

天照大御神《あまてらすおおみかみ》を祀《まつ》り、古代から皇室の宗廟として全国の神社の中でも別格だった伊勢神宮に、オオカミの使いはそぐわないように思えるかもしれない。しかし、その説を著書『玉襷《たまたすき》』で展開したのは、儒学、仏教の排斥を説き、幕末には、その思想が急進派尊王志士たちの精神的柱になった国学者、平田篤胤（安永五年—天保一四年、一七七六—一八四三）である。

伊勢神宮は、彼にとっても、特別の神社だった。

篤胤は、伊勢神宮オオカミ神使説を、「伊勢の御祓い大幣《おおぬさ》の神異ありし事を一つ二つ云む」と前置きした文から始める。

▽外宮《げくう》の祠官、度会延佳《わたらいのぶよし》神主が集記した『伊勢太神宮神異記』に、次のことが書いてある。自分（筆者注・度会）の義父の三日市秀安の家に、上野国（現群馬県）の生まれで庄三郎という男が、若い時から働いていた。成人して、金銀衣類などもできたので古里に帰ろうとしたが、「信濃ノ国佐久ノ郡岩田村」という所の旅宿で夜盗に取られた。四、五日して、旅宿の主の子をオオカミがくい殺した。主人は嘆いて「狼のこぶち」という物を仕掛けると、オオカミがかかった。隣り近所の人を大勢招いて殺そうとすると、オオカミではなくて、太神宮の祓の大麻《おおぬさ》だった。後で聞くと、庄三郎が太神宮のおかげで持てた金銀衣類をその宿の主が盗んでいたせいだった。（主の）仲間までわかった。△

『伊勢太神宮神異記』は、寛文六年（一六六六）の刊行。「佐久郡」は、今の長野県東部だ。

篤胤は、オオカミ伊勢神宮使い説をさらに展開する。

▽「神異記」に記せる、庄三郎の物を盗んだ亭主の子を食い殺したオオカミを、捕らえてみれば、御祓の大麻だったと言い、また古くにも、狼について聞いたことを集めて思うに「彼の御山に住《ス》む狼は大御神の幽に御使《ミツカ》ひ坐す神司《カムツカサ》たちの下使者《シタヅカヒ》にやと思ふ由あり」△

彼は「書紀」から引用した大津父《おおつち》の話の後に、次のような内容の割注を付けた。

▽大津父が、「狼を貴キ神と云へること何《イカニ》ぞや聞ゆれども、」「書紀」には、素戔烏の命が八俣大蛇を「汝ハ是レ畏キ神」と言い、「万葉集」には、「虎をも神といひ狼をも大口の真神と云へり。」そうであるならば、オオカミという名は、大神とも思えるが、「大噛の義」もあるだろう。△

『万葉集』に出ている「大口の真神」は、オオカミに由来するにしろ、地名であってこの動物そのものではない。それにしても、神と大いに噛みつく、とでは落差が大きかろう。

このように、篤胤は、オオカミの神宮使い説の地ならしをしながらも、この野獣が、直接的に、天皇即位を左右したという展開は、断固として否定する。

▽（筆者注・「書紀」の）文面では、天皇の夢に出て（オオカミのけんかを止めた大津父を重用するように）告げたのは、かのオオカミの霊《たま》と思えるが、天皇が天下をお治めになってされることは、「顕に何くれの由緒《イハレ》」があっても、実は深く天照大御神が図られたことである。（オオカミという）言えば、霊も卑しい獣などの図らえることではない。そうならば、あの二頭のオオカミのうち一頭は、「疑なく大御神の末の御使者《ミツカヒモノ》」だったので、（それを）助けたことを、大御神が深くありがたく思われて、（天皇が）大津父を大事にされたら、天下を得られるように図ろうと、特別に「御使神」に告げさせられたのだ。

そのオオカミが、もし大御神がことに愛しておられる御使者でなかったら、もしこれを助けても、これほど（大津父を）いつくしまれることはなかっただろうし、践祚《せんそ》（皇位継承）のことまでには及ばなかっただろうことを、深く思うべきであり、また大津父がそれを救おうと馬から下り、口手を洗いすすぎ、祈り申したとあるのを思うと、この人は早くからそのオオカミが「尋常《ヨノツネ》」でないことを、知っていたためにうやまい、貴き神とさえ言ったと察せられる。そうでなければ、あのように敬うだろうか、ということわりをよく思うべきだ。△

大津父の話についての篤胤の論は、窮屈だ。篤胤は、大津父が助けたオオカミは、大御神がことに愛した特別な個体であった、として、卑しい獣である一般のオオカミとは切り離し、この動物を皇位継承とのかかわりから隔離した。しかし、それでは、高天原の主神であり、伊勢神宮内宮にまつられている、皇室の祖神である天照大御神が、助けてくれた者を重用すれば皇位を与えると言うほど寵愛したそのオオカミが、なぜ、「末」の御使者なのか、皇位はそれほど軽いのか、ということのほか、なぜそれほどそのオオカミを可愛がったのか、オオカミを使者に選んだ理由は何か、という疑問が残る。

篤胤はさらに、日本のオオカミは、他の国、地域のものと比べて、特別な品格を持つものが多い、と論を進め、神使になれた理由を補強した。

▽この獣を、「西土《モロコシ》」では、古くは、「中山《ちゅうざん》の狼」などと言って、恩義を知らない者の譬《たと》えとし、「虎狼」とも並べ言って暴悪なものの極みとし、その他の「蕃国《カラクニ》」でも、ことごとく悪獣としない国は無い。△

篤胤は、ここで、次の注を入れている。

〔西洋の国にても、悪獣とせる事ハ、これかれの書に見たる事あり。〕

これに続く次の部分で、篤胤は、わが国のオオカミの特別性について述べた。

▽それなのにこの獣さえ、その御使者の中に置いておかれることは、測り知れない深遠な神慮であることは、今さら言うまでもないことだが、もっと考えをめぐらせると、皇国の狼は「諸蕃国」のに比べると、強勇なうちにも情があり、信義の道理をもわきまえているのが多い、と思う訳がある。△

篤胤は、その例として、この後に、貞女を救った兵庫県・竹野《たけの》のオオカミの話を紹介、「義を見て勇める狼」、「此獣の信義あり」と「皇国」のオオカミをたたえる文言が続く。竹野の伝承は、後で取り上げる。

ただ、篤胤は、ニホンオオカミが、なぜ、情と信義に厚いのか、という点には、触れていない。篤胤は、伊勢神宮外宮が農を司る神を祀っていることを、当然、知っていたはずだ。その上で、同神社内宮の祭神である天照大御神はオオカミを使いとしていた、と説きながら、この獣が農作物を守る働きをしていることは、知らなかったのか、古い歌人たちがしたように無視したのか、取り上げていない。この関係を認識していなければ、大津父がオオカミを、なぜ「貴き神」と呼んだのか、わが国のオオカミが、なぜ他国のに比べて特異なのか、という疑問、ひいては、なぜ大御神がオオカミを大事にし、使者に選んだのか、という先にあげた疑問にも、整合的に、答えることは出来ない。「測り知れない深遠な神慮」とでもしておくしかなかったのだ。

オオカメ宮

吉野郡下北山村上桑原の西ノ川のほとりに鎮座する川辺《こおどり》神社には、オオカメ宮の別名が伝わっていた。その名の起こりとなった伝説は、飼い主を襲い、殺されたオオカミの祟りを鎮めるため、その霊を祀ったのが同神社の始まり、という筋だ。伝説の母体となったのは、わが国に古代から伝わっていた忠犬説話だった。それが、犬がオオカミに入れ代わるとともに、育ててくれた主を殺そうとする忘恩話へと、変型したのである。

同神社の由来伝説が、岸田日出男著『日本狼物語』（一九六四年、『吉野風土記』一二一号　吉野史談会）に「狼宮事川邊《コオドリ》神社に伝うる怪異——大正十年前後下北山村で聞く——」の題で載っている。

▽元禄年間のことらしい。上桑原の里に神林弥十郎という人がいて、山で捕らえた子オオカミを育て、狩りや川漁には必ず連れて行った。ある夏の夜、目指す川に着くと、アユ漁のかがり火をたくにはまだ早い。たき火のそばでうとうととしていると異様な物音がする。連れてきたオオカミが川の水を毛に含ませてはたき火のそばで身震いし、火

を消そうとしているのだ。弥十郎は「オオカミは、火を消してから自分を襲うつもりだ」と恐れ、びくに着物をかぶせて自分が寝ているような形にし、そばの栂《つが》の木に登って見守っていた。オオカミは、火を消し終わると、びくに食いついた。弥十郎は、木の上からオオカミを射殺した。ところが、その翌年の同じ日から、弥十郎は重い病気にかかり、家族、さらに村中にその疫病が広がった。弥十郎は「殺したオオカミの祟りに違いない」と思い、易者に判断してもらった。その易者も「狼は『山の神』だから、大山祇《おおやまつみ》の神を祭って死んだ狼の霊を慰むるしかない」と言う。その通りに、山の神を祀ると、病人は全快した。土地の古老は「オオカミは、千匹目の獲物には、人を襲うものだ。今度は主人がそれに当たったのだろう」と、言っている。△

同神社は、明治一二年（一八七九）の「神社明細帳」でも、祭神は「大山祇命」になっており、「由緒　不詳」だ。下北山村の南方にある三重県南牟婁郡御浜町でも、これに似た伝説が採集されている。そこでの話は、時代は三百年ほど前、猟師は大坂の戦に出たことがある「弥九郎」であり、オオカミを猟犬にした点は同じだが、人が「オオカミは、生き物を千匹殺すと、飼い主に手向かって来ると言う。ここのオオカミもその時分かもしれぬ」と話しているのを聞いたそのオオカミ、「マン」が姿を消した、という展開だ（『紀伊南牟婁郡誌下』＝『日本伝説大系』、みずうみ書房＝から）。

　わが国には、川辺神社伝説のようなオオカミ忘恩型とは逆に、物語の構造はこれと同系統であっても、犬が身を挺して主人を救う忠犬型の話が古くから伝わっていた。

平安時代後期にできたとみられている『今昔物語』の「陸奥國の犬山の犬、大蛇を食ひ殺し、語」は、忠犬型の話だ。

▽昔、陸奥の國に犬を飼い、猪鹿を食い殺させる「犬山」で生活している男がいた。ある夜、山中の大木の洞の中で寝ようとし、前には火をたいていた。夜が更けたころ、特に優れて賢い犬がにわかに起き上がり、大木に向かって異様に吠えかかった。男が驚いて「人がいない山中で自分を食おうとしているのに違いない」と、太刀を抜くと、犬は洞の上にいた大蛇にくいついた。男は大蛇を切り殺し、そこで、犬が自分を呑もうとした大蛇から助けたことを悟っ

た。△（『今昔物語集　本朝世俗部』）

「今昔」から約三百年後の室町時代、永享三年（一四三一）に成立した玄棟著の仏教説話集『三国伝記』には、この話が「不知也河《カハ》（辺）狩人事」の題で出ている。舞台は東近江だ。犬は「比良片《ヒラカタ》（ノ）目検枷《ケンキヤ》（と）云（フ）犬ノ子ニ小白丸」である（中世の文学『三国伝記　上』三弥井書店）。この物語では、吠え止まない犬に腹を立てた猟師が、刀を抜いて犬の首を切り落とすと、頭は飛び上がって、猟師を呑もうと木の上から降りてきた大蛇ののどにかみつき、食い殺した、という悲劇に変わっている。驚き嘆いた猟師が、祠を建てて、犬を神とあがめたのが、犬神の明神であり、その地を犬上《いぬかみ》郡というのは、このためである、という地名の由来話だ。

「比良片」は、滋賀県長浜市平方町だろう。同町の天満宮境内にある岩には、目検枷の墓、という言い伝えがある。

忘恩型の出現は、文献上、江戸時代後半までには、さかのぼれる。

一九世紀前半に書かれた松浦静山の『甲子夜話続篇』に、「永井飛州」から聞いたこととして出ている次の話は、その中でも古いものだろう。

〔三月の末永井飛州の邸を訪しとき、飛州話しけるは、某地の（予其処を忘る。彼の領分にてのことなり）猟夫、狼子を拾ひ得て養育て、よく懐《ナツ》きたれば猟犬にしこみたるに、鹿兎など捕るに甚だ能ある故、猟夫これを愛し置たり。然るに或とき猟夫山小屋に在りて、暁鹿を打んとて、火を焚て夜明を待つ中、少し目《マ》どろみたるが、件の狼子側らに在らざりけるを不審に思ひゐたるに、暫しして来りけるゆゑ、寝入りたる体にしてあれば、狼子火辺に寄り身振するに、水を毛に濡したりと覚しく、水たま四方に散ず。然《シカ》して又出さりぬ。かく為ること両三度に及べり。猟夫つら〳〵思ふに、これ正しくあたりの溪《タニ》川に往き、身を水に浸し、火を滅し暗黒とし、それに乗じ我を喰ひ殺さん下地ならんと。此度《タビ》は鉄炮に火縄を構へ待ゐたるに、果して又還り、この度は水を多く着《ツケ》来て振ひたれば、火已に消《キエ》んとす。猟夫設けゐたること故、即鉄炮にて打留しが、悪性の獣とて恐ろしき心根なりと云しと。

余後独言すらく。狼は悪性といへども又愚なり。何んぞ暗黒を待つことあらん。火前にして即喰殺すべし。又なんぞ愚なる。

側の人云ふ。猟夫の山行をする者、狼を避るには、松明をとぼし行けばこの害なし。暗行すれば必ず難に遭ふ。又狼多くとり囲みたるには、火を焼《タキ》て在れば、狼近づき寄ることなしと。されば狼子の火を滅して人を害せ《セ》んと為しは、是亦狼の性のみ。」（『甲子夜話続篇』平凡社）

静山と同時代の「永井飛州」には、摂津高槻城主の永井直与がいる。

下北山村がある北山郷は、近世、摂津とは、直接的な交流があった。酒造地伊丹に、酒樽材を供給するようになっていたのだ。早くには下北山村の隣りの上北山村河合に、樽用材の盗伐を謝罪した元禄一五年（一七〇二）の文書がある。

『日本伝説大系　四国』には、『川上昔話集』から引用した、犬がオオカミに置き代わっている忠犬型の話が出ている。徳島県海部《かいふ》郡海陽《かいよう》町を伝承地とする「赤松の犬の墓」だ。話の筋は、忠犬型そのままだが、「山犬の子」がなきやまないため、狩人が、千匹目の獲物との関連で、自分を襲うのではないか、と疑う箇所は、忠犬型には無く、忘恩型の川辺神社伝説には加わっている部分だ。いわば、両型の間の架け橋になっている。

徳島県の山間部には、忘恩型も伝わっていた。

『日本伝説大系』によると、徳島県三好《みよし》市池田町には、川辺神社伝説とほぼ同じ話があった。主役はオオカミである。「赤松の犬」も含め、徳島の各説話の構成にはつながりがみられる。

『日本昔話大成6』（関敬吾、角川書店）は、本書で忠犬型とした説話を「忠義な犬」として分類した。その項にある忠犬型の話のうち約三分の一は、徳島と瀬戸内海側の四国で採集されたものだ。この系統の話の分布は、地域的にかなり偏っている。

吉野・北山郷と摂津を樽の材木が結んでいたように、四国と吉野もこの仕事でつながっていた。瀬戸内海側各地から職を求めて人が吉野の山村に流入した。

この系統の話の交流には、その分布の地域的偏りをみても、盛んになっていた酒樽づくりに携わった人たちが一役果たしていたと思える。時期は、酒樽材を多量に製造、出荷するようになった近世中期以後だろう。

忘恩型は、その間に、忠犬型が変型して独立したのである。その第一段階は、犬にオオカミが入れ代わることだった。「赤松の犬」は、狩人が「山犬の子」を埋葬した墓に飼い犬を連れていくと、「名犬」、優秀な猟犬になる、という伝承も伴う。犬にオオカミが入れ代わったのは、犬よりも強く、狩りに練達したオオカミを飼い馴らせば、優れた猟犬の役を果たすようになる、という発想に基づくものだろう。この点、一八世紀が、各地で獣害記録の多い時代だったことも、入れ代わり時期を考える手掛かりだ。農民達は優秀な猟犬を必要としていたのである。

川辺神社伝説の中でも、オオカミの不気味さを際立たせる、体に付けた水でたき火を消すところ、人に似せたびくにかみつく場面は、同じような話が、当時の日本人が知っていた中国書にある。

火を消す場面は四世紀中ごろの『捜神記』に、野火から主人を守ろうとした忠犬の行為として出ている。この忠犬の話は、正徳三年（一七一三）刊の『和漢三才圖會』も『捜神記』から引用している。

中国の奇談、伝説集『太平広記』は、江戸時代初期にはすでに、わが国に紹介されていた。「広記」にある「裴度《はいど》」は、恨んだ男を殺そうとした犬が、襲撃を予想して男が作っておいた人形の喉を人と間違えてかみつき、だまされたと知って死んだ、という話だ。

忘恩型は、古代からわが国に伝わっていた忠犬型を母体とし、オオカミ禁忌視が薄れ、優れた猟犬が求められた近世―おそらく一八世紀―の風潮の中で、まず犬にオオカミが入れ代わり、オオカミが凶獣の面を強める中で、中国書の奇怪な話も取り入れ、忠犬型とは反対の主題を持つ説話へと変身し、流布したのだろう。

川辺神社は、不気味な祭り起源の伝説とは異なり、害獣防ぎの信仰も伴っていた。神社は、元々、地元の神林家が、個人的に祀ってきたものである。

神社を世話している神林寅生さん（昭和一三年＝一九三八＝生）は、父親の準次郎さん（昭和五四年、八四歳で死去）

から次のような話を聞いていた。

「百姓をやっている人が、榊《さかき》を宮に上げて拝んでもらい、それをいただいて来て田に立てると、イノシシなどの害があまり無かった。同じ村の中で、榊が一本だけ足りなんだことがあり、その田だけシシに狙われたと言っていた。」

川辺神社の名は、川のほとりにあるところから来たという（奈良県童話連盟監修、高田十郎編『大和の伝説』大和史蹟研究会）。

「下北山村史」には、川辺神社の「始まりはほんの石ころを一つ置いてあっただけだ」という準次郎さんの話が出ている。

川辺神社の由来伝説も、近世の後半以降、紀伊半島にも流れていた忘恩型が、山の神あるいは即、水の神であったこの石を引っかかりとして定着したのだろう。

早太郎

今に伝わるわが国の説話には、人身御供を求めるヒヒを、勇敢な犬が人の身代わりになって退治する筋のものがある。この物語の原型が、平安時代後期、一二世紀前半にできたらしい説話集『今昔物語集』にある猿神退治話であることに、異論は無いようだ。今でも、ある人が何かの任に選ばれた時などに使う「白羽の矢が立つ」という言い方は、猿神退治説話の中で、悪神が家の屋根に白羽の矢を射、その年の犠牲者を知らせることから来た。「今昔」には無い場面だが、与謝蕪村には「あかつきのやねに矢のたつ野分《のわき》哉」（安永七～天明三年、一七七八―八三の間の作品）（尾形仂校注『蕪村俳句集』岩波書店）の句があり、一八世紀後半にはこの部分を備えた話が成立、広がっていたことが分かる。なぜ、この物語は五百年以上もたってよみがえったのか。

長野県駒ヶ根市赤穂《あかほ》の天台宗寺院、宝積山光前寺の早太郎伝説は、今に伝わる各地の猿神退治説話の中で、最もよく知られているものだろう。「早太郎」は、伝説の主役になっている犬の名だ。猿神退治型説話の中でも、このように、犬が主役を務める話を、ここでは、近世早太郎型と呼ぶ。近世早太郎型は、毎年、人身御供を求める怪物、悪神がいる、応じなければ祟りをなす、怪物が天敵の名をもらす、それを捜し当てると犬だった、犬を借りる、犬が怪物、悪神を退治する、という六点を柱としている。

一方、この説話には人だけで退治する型もある。主役になっているのは戦国の豪傑、岩見重太郎が多い。これを岩見重太郎型と呼んでおく。

光前寺には、創建の由来などを記した、時代の異なる複数の縁起が伝わっている。駒ヶ根郷土研究会光前寺縁起研究委員会編『光前寺縁起の研究』にある「主なる『光前寺縁起』の読解」から引用する。

「読解」が収めた縁起の中で、犬の話が出てくる一番古いものは、江戸時代前期の「貞享二乙丑年（一六八五）三月三日」の日付がある「光前寺犬不動霊験記」だ。

この縁起には、本聖上人《ほんじょうしょうにん》の開基由来の後に、病人が参詣して治った、上人の机上に薬草の根がのっていて、夢に不動明王が犬一頭を曳いて現れそのありがたさを説いた、という記事があり、さらに不動明王が告げたこととして次の文が続く。

〔誠に一犬は西天の霊獣にして、五神通を得て億萬の里数山海も飛行す、よって法を弘むる為、一山に残して護持すべきなり。〕

「霊験記」で、このように寺と薬、犬のかかわりの始まりを説いた部分の後に来るのが、この犬の不思議な力を語る怪神退治の話である。

〔又其の後百七十余歳の春秋を経る延慶元年（一三〇八）燐《ママ》国遠州国府の天満宮の社地において怪神の住みて里民を悩ます　当山の霊犬奇瑞に現れ、彼の地に飛行き、乍《たちまち》、怪神を降伏して諸人の災害を救へり、后《のち》に天満宮の一実坊は自ら大般若経六百巻を書写して当山の恩に報わんと之を奉納す、其の経連綿として宝庫に遺される、是を以て犬不動

光前寺の早太郎
写真上は「霊犬早太郎」を描いた光前寺の魔除札。退治されているのは狒《ひ》狒《ひ》。下は鎮座する早太郎。「早太郎伝説」が紹介されている。

尊と称え奉る、猶奇瑞多きと雖も繁を恐れて之を略す〕

遠州府中の天満宮とは、静岡県磐田《いわた》市見付の矢奈比売《やなひめ》神社だ。

この縁起には、江戸時代も後期に入った寛政五年（一七九三）、当時の住職、寂應が書いた『書写　大般若宝経の由来』と『大般若経修補の意趣』が付いている。「由来」を紹介する。

〔それ以て霊神は崇《たっと》ぶべし　怪廟は質《ただ》すべし、当山大般若経の濫觴を奥するに、往古遠州府中に天満宮の廟あり、祭祀に至る毎に里民先ず其の姿貌端正なる者を擇《えら》び、柩に盛り之を廟後に置く、丑時《うしのとき》の比《ころ》に至り廟社頻りに震動し、畏《お》そるべき怪神両参出て来て、鼓舞して言うに「信濃国の早太郎今夜無きや否や」一神答へて曰く「なし」　時に彼の神、柩を毀《こわ》し児を捉へ廟に入る、社主潜みて之を窺ひ身毛が立ちて懼怖《くふ》して忍びず、里民の悲痛云うべからず、故に里民議して云うに、怪しいかな、神が早太郎の有無を訊《たず》ねることを、早太郎を深く怖れるを以てならん、早太郎とは是《これ》何者なりや、社主すなわち信陽（筆者注・信濃）に入り、遍く之を要《もと》む、遂に当山に至り、たまたま畜《か》う所の郎犬（おすいぬ）早太郎と呼ぶを聞きて、且駭《かつおどろ》き、且喜び寺主に語りて、委《くわ》しき所以を以て懇《ねんごろ》に早太郎を賜らんことを乞う、寺主これを聴きて大いに歓ぶ、しこうして曳きかえり、すなわち祭祀に至り彼《か》の良犬を柩に納め、之を社後に置く、時に神の問答恒《つね》の如く、柩を毀しまさに捉えんとする、早太郎ちょう躍して吠えさけび、其の勢尋常ならず、両三怪神力盡《つ》きて挑み闘うといえども遂に噛み殺されるところとなる、明《あくるあさ》丹里民社主と往きて之を視るに、神には非らずして老狸なり、利牙するどく眼甚だ懼怖すべきなり、しこうして良犬恙《つつ》がなし、ああ、良犬実にもって是神明の賜る所にして、亦良犬すなわち神の権化《ごんげ》ならん、是《ここ》に於いて里民社主歓喜踊躍に堪えず、すなわち謝恩として大般若経奉るべく来って当山に納む、則ち正和五年（一三一六）丙辰卯月八日なり、寛政五丑年（筆者注・一七九三）に至り、凡《およ》そ雪霜四百八十有餘年前のことなり、則ち彼の社僧一実坊瓣存自ら書写すること、凡そ六年、其の弟淡路阿闍梨光尤、之を供える所のものなり。〕

これに犠牲者が決まる部分、生贄を出さなかった時の祟りの説明を加えれば、近世早太郎型としては完成する。

「意趣」は、経を修復し、欠けた巻を補ったいきさつを記したものだ。

貞享縁起から一四年後の元禄一二年(一六九九)、岡田雪翠が書き写し、編集した『不動尊縁起并本聖上人伝』は、開基、火災と再建などの話は、貞享縁起と共通だが、犬が出てくる話は、不思議なことに欠いている。

「由来」が書かれた翌年、寛政六年(一七九四)に、信徒の堀内禹泩《うせい》が寺僧から聞いた話を書き留めたことになっている『佛薬證明犬不動霊験物語』では、近世早太郎型の六つの柱がそろった。

貞享縁起には奇妙な矛盾がある。延慶元年(一三〇八)に「霊犬」が「遠州国府の天満宮」の「怪神」を退治した話の後に「又はや百七十余歳を経て」火災があり、「時は万寿二年(一〇二五)後一條帝の叡聞に達し」再建された、という記述が続くのだ。時代は、再建話の方が怪神退治より約三百年古い。火災はさらにその前だから、順序が逆だ。貞享縁起の一四年後に編集された元禄縁起は、犬の話が無いため、このような食い違いは無い。

貞享縁起で、二つの件の前後が逆になったのは、霊犬の部分が、後になって挿入されたためではないか。時期の逆転は、おそらく、本尊が病気の治癒に霊験があるという元からあった話の後に薬と霊犬、さらに怪神退治の話を入れ、そのまま時代が遡る火災と再建のことを続けたために生じたのだ。

このなぞを解く手掛かりが、光前寺に伝わる、一実坊が書写したという般若経にあった。その第六百巻の奥書には、寺が経を保有するようになったいきさつが書いてある。

〔寛政四壬子歳初秋
大般若六百巻一実坊筆書一写遠州見附天神社奉納従天神光前寺納之
右之内百四十二巻闕書足〕
〔右寛政五丑歳書写成就筆者経有之
右供養建武二歳二月廿六日―丙辰ト有之書違候哉
右施入者正和五歳四月八日　丙辰ト有之書面不分

六ヶ歳中一筆写右書付表紙内有之此終者紙切不知」
奥書には寂應の署名がある（駒ヶ根市立赤穂博物館編纂『光前寺』甲陽書房）。
大般若経六百巻は一実坊が書写して見附の天神社に奉納し、同神社から光前寺に納めた（寛政四年＝一七九二）、うち百四十二巻が欠けていたので書き足し、寛政五年に書写が終わった、経の表紙に、供養は建武二年（一三三五）、施入（奉納）は正和五年（一三一六）、六年がかりで一人で書写したとの書き付けがあるがその後は紙が切れていて分からない――という内容だ。

奥書によると、一実坊が経を奉納した先は、光前寺ではなく、天神社であり、寛政四年に同神社から光前寺に納めたのだ。貞享縁起では、一実坊が光前寺に納めたとなっていること、「由来」で、同寺への奉納は正和五年（一三一六）となっていることとは異なる。寂應は、経伝来の事情を知っていたはずなのに、奇妙なことだ。

この奥書には、天神社が光前寺に経を納めたいきさつ、早太郎のことは、出ていない。

寂應は、寛政五年の「修補の意趣」に、経は湿気、虫害のため百四十二巻が欠けていたので、自分が信心ある善男善女を募って「補い書き」、修理して六百巻そろった、と書いている。この事業を飾るため、早太郎伝説は取り入れられ、成立したのだろう。

近世以降の猿神退治説話が下敷きにしているとみられる『今昔物語集』にある話は、「美作《みまさか》國の神、獵師の謀によりて生贄《いけにへ》を止めし語」と「飛驒國の猿神、生贄を止めし語」である。「美作國」では、犬が猿神退治に重要な働きをする。「飛驒國」は、人だけで悪神をこらしめる物語だ。

「今昔」の後、鎌倉時代の一三世紀初めごろに成立した説話集『宇治拾遺物語』にも、「美作國」とほぼ同じ筋の「吾妻人生贄をとゞむる事」があり、やはり美作が舞台だ。

「美作國」は、「今は昔、美作國に中山《ちゅうざん》、高野《かうや》と申す神おはします。其の神の體は、中山は猿、高野は蛇にてぞおはしましける。年毎に一度それを祭りけるに、生贄をぞ備へける。其の生贄には、國人《くにびと》の娘の未だ嫁《とつ》がぬをぞ立てける」

と始まる。これ以下は中山神社での話だ。

▽この国のある人に、十六七ばかりの美しい娘がいた。ある年、この娘が翌年の生贄に指名され、父母と泣き悲しんでいた。そのうち東国から、多くの犬を飼って猪鹿をかみ殺させて取る「犬山《いぬやま》」を業とする男が来た。男は話を聞き、親に「娘を自分に下さい。その代わり自分が死のう」と申し出る。男は親の家に隠れて娘と夫婦になる。その間に飼ってきた犬から二匹を選んで「自分に代われ」と言い聞かせ、山からこっそり猿を捕らえて来て人のいない所でかみつくよう教え、練習させた。「本より犬と猿とは中《なか》よからぬ者」だから、犬は猿さえ見れば攻め掛かり、食い殺す。

祭の日、男は長櫃《ながびつ》の中に二匹と入った。神社に着くと、宮司《ぐうじ》らは瑞籬《みずがき》の戸を開け、長櫃を差し入れた。男が長櫃を少し開けて見ると、高さ七八尺ほどの猿が上座にいる。歯は白く、顔と尻は赤い。その左右には百匹ほどの猿が並び騒いでいる。その前のまな板には、大きな刀が置いてある。酢塩、酒塩なども据えてある。人が鹿などをおろして食べるようだ。猿たちが立って来て大櫃を開けたので、男が犬に「食いつけ」とけしかけると、二匹の犬は走り出て大きな猿を食い伏せた。男は刀を抜き、猿を捕らえてまな板の上に引き伏せた。頭に刀を当てて、「首を切って犬に食わせよう」と言うと、猿は、顔を赤くし、目をしばたたいて、歯をむき出し、涙をたれて手をする。その間、二匹の犬は、多くの猿を食い殺した。神が一人の宮司に託して「今日から後は生贄を求めない」と命乞いをしたので許した。猿は逃げて山に入った。男はその女と長く夫婦として暮らした。その家に恐ろしいことはなく、生贄を立てることはなくなって、国は平和になった、と語り伝えたという。△（『今昔物語集　本朝世俗部』）

中山神社は、現在、岡山県津山市一宮にある美作一宮、中山神社と考えられている。延喜式神名帳には、「美作国苫東郡《とまひがし》一座　高野神社　中山神社名神大」がある。

中山神社は、津山盆地の北側丘陵のふもとに鎮座する。社殿の東側には鵜ノ羽川が流れ下って盆地の水田をうるおしている。

社殿から、鵜ノ羽川沿いに右岸を遡ると、まもなく縦横一〇メートルほどもある大きな岩の前に出た。ここは、対岸の丘陵が迫っていて津山盆地側からは鵜ノ羽川が、ここで山の間から流れ出ているように見える所だ。

岩の前に立ち、川と対岸の丘陵をながめながら、中山神社は、元々、この岩を神体として祀られるようになったのではないかと、思った。巨岩は、しばしば山を象徴した。山の神そのものでもあったのである。この岩の位置を見ると、これを崇拝した人々が、川を意識しなかったとは思えない。中山神社は、山の神とともに水の神を祀っていたのではないか。少なくとも、人々の意識の中では、両者は結びついていただろう。稲作の生命線である水、川の源である山への信仰は、古代から一体だった。立地を見ると、同神社は本来は農を司っていたのだろう。

「今昔」の「飛騨國」では、深い山の中で道に迷い、生贄が行われている滝の裏側の世界に入った僧が、猿神を退治する。
▽僧は、彼を家に留めた村人の勧めで、還俗《げんぞく》し、その家の娘と夫婦になる。村人が、彼を家に置いたのは、生贄に決まっていた娘の身代わりにするためだった。男は妻の口からやがて事情を知る。妻は「年々一人の人を廻り合ひつつ生贄を出す」、「痩せてわろき生贄を出しつれば、神の荒れて作物《さくもつ》もよからず、人も病み、郷も静かならず」と、祟りについて語り、男が「此の生贄を食ふらむ神は、いかなる體《てい》にておはするぞ」と問うと、「猿の形におはすとなむ聞く」と答える。
祭の日、男は村人たちに山中の倉の前に連れて行かれ、まな板の上に横になった。猿が男を切ろうとした時、隠していた刀を首領の猿にさし当て、首領と幹部の猿四匹を捕らえた。男は猿たちを村に連れ帰って「神」の正体を親、村人に明かし、猿たちを「人に悪いことをしたら、必ず射殺する」と脅し、杖で打って放した。△
「宇治拾遺」の「吾妻人」は、やはり「山陽道美作國」の物語で、生贄を求めるのは、「中ざむは猿丸にてなんおはする」（渡辺綱也校訂『宇治拾遺物語』岩波書店）。「中ざむ」は、中山だろう。
「今昔」、「宇治拾遺」にある猿神退治説話の軸になっているのは、犬と猿との対立関係である。
怪神の正体は、三話とも猿だ。猿神の祟りの具体的な説明は、三話の中では、唯一、「飛騨國」にあるだけだ。ここで報いの第一にあげたのは、田畑の作物を荒らすことだった。これらの説話中の猿、あるいは猿神は、山の害獣を象徴していた。

「今昔」、「宇治拾遺」の三つの猿神退治話の舞台になった美作、飛騨は、いずれも焼畑地帯だった。猿の怪物に可愛いわが子を生贄に出し、飢饉を免れるという設定は、当時でも突飛だったろうが、そういう物語が成立したのは、それだけ獣害が深刻だったからだろう。「飛驒國」にある猿神の祟りの部分は、この説明を欠く「美作國」、「吾妻人」に、そのまま当てはめることができる。そうすることで、この古代の怪奇物語は、獣たちに脅かされていた農民たちの生活ぶり、無事な収穫への切実な願いを語り始める。

犬は、三つの物語のいずれでも、人間の側に立ち、猿と闘う存在である。「美作國」は、三話の中でも、犬の役割が大きい。主人公の男は、「犬山」をし、その生活を犬たちに依存していた。これと筋は同じ「吾妻人」の男は犬山をしていることにはなっていないが、やはり二匹の犬と共に櫃に入り、猿を退治する。「美作國」でも、「吾妻人」でも、首領株の猿を、まず襲い、うち伏せたのは、連れていた犬だった。

「飛驒國」では、男が犬の力を借りることなく、一人で猿神を退治するが、ことの顚末を述べた後に、次のような犬が出てくる一節がある。

〔本は其處には馬牛も犬もなかりけれども、猿の人陵ずるが爲とて、犬の子や、使はむ料にとて、馬の子などゐ渡してありければ、皆子ども産むにぞありける。〕

当時、猿害防ぎに犬を使うのは、山里では一般的な光景だったのだろう。「猿の人陵ずる」という部分は、この説話では、人身御供を求めたことを受けているが、猿が自分の方から人を襲うことはまずなく、人への現実の害は、「神の荒れて作物もよからず」、つまり農作物荒らしだった。

猿と犬の対立は、そのころの人々には、常識的なことだったようだ。「美作國」には、「本より犬と猿とは中よからぬ者」とあり、「吾妻人」も「猿丸といぬとはかたきなる」と両者の不仲を当然視している。

今の日本人も、何かにつけいがみ合っている人間同士を「犬猿の仲」と評する。これはわが国で作られた言葉で、漢字の本家である中国には無い。「犬猿の仲」は、わが国での両者の関係に基づいている。それが、狩りの中でのこととは考えにくい。猿は、猟師がわざわざ狙うほどの獲物ではなかったようだ。「犬猿の仲」の背後には、農作物を狙って里や畑の近くに出て来た猿たち害獣と、それを迎撃する犬との騒ぎがみえる。

だが、「今昔」「宇治拾遺」の猿神退治話の大枠は、中国の説話からの借用らしい。それらの元となったとみられる話が、古い中国の書にある。『捜神記』の「大蛇を退治した娘」だ。毎年、少女を食べたいと求める大蛇がいた、寄《き》という娘が剣を持ち蛇を噛む犬を連れて大蛇が住む洞穴の近くの廟の中で待ち、大蛇が穴の入り口に置いた米団子を食べ始めたところへ犬を放ってかみつかせ、剣で切り殺した、という筋だ（竹田晃訳『捜神記』平凡社）。

「今昔」「拾遺」の三つの物語の成立には、それらに先行して在った行事、伝承が芯の役を果たした可能性がある。「吾妻人」は、男が猿神を退治した後、人身御供はなくなり、代わりに「其後はその國に、猪、鹿をなん生贄にし侍けるとぞ」と結んでいる。中山神社には、「今昔」が成立したころ、イノシシ、シカを神にささげる行事があったのではないか。「美作國」「吾妻人」の主題を考えると、それは獣害防止を祈っていたのだろう。「吾妻人」の結びは、その風習が、以前は人を生贄にしていた、という伝承を伴っていた可能性を考えさせる。そうした衝撃的な人身御供の言い伝えが、『捜神記』の怪奇譚と、わが国の農山村を舞台にした伝承の接点になった可能性もあろう。

犬が人を助けていることも、両国の話が結びつくきっかけにはなり得たはずだ。

「今昔」に、主題は共通であるのに、猿神退治に犬が重要な役目を果たすものと人だけの場合の二つの話が並べてある謎も『捜神記』とのかかわりを考えれば、解けてこよう。寄の物語は、犬と大蛇の対立を軸としているわけではない。それから犬を除いても、物語として通用する。やはり「今昔」にある「飛騨國」のような、人だけで退治する岩見重太郎型になるだけだ。一見、異なる説話のように思える「今昔」の二つの物語は、その間に『捜神記』を置いてみれば、同根であることがみえてくる。

古代の猿神退治説話は『捜神記』の物語を土台にしながらも、わが国山里の農民生活を反映して大蛇が猿神に置き代わり発展したのだろう。

「今昔」の「美作國」、「宇治拾遺」の「吾妻人」に出てくる犬は、実に猛々《たけだけ》しい。人間たちが怖れ、人身御供を差し出していた猿たちに何のためらいも見せず飛びかかり、首領を食い倒し、他の猿も殺してしまう。村人たちの無力さに比べると目を見張るばかりだ。いかに「腹だちしかりたるは、いとおそろしき物」(「吾妻人」)というイノシシを狩り慣れている猟犬だったといっても、この物語を作り、語った人々の意識の中で、彼等は普通の犬だったのだろうか。「今昔」「宇治拾遺」の話の伝承者たちは、猿神を苦もなくかみ倒す犬に、焼畑や山間耕地の周辺で目にしていた、作物を荒らす獣たちを追ってくれるオオカミの姿を重ね合わせていたのではないか。「美作國」は、犬に仲間を殺され、追われた猿たちの様子を「木に登り山に隠れて、多くの猿を呼び集めて、山響くばかり呼ばひ叫び合」う、と描いた。ニホンオオカミが、ニホンザルの群を襲った時の光景をほうふつさせる。

近世になって流布した猿神退治説話と、「今昔」「宇治拾遺」の三つの物語との間には、直接的なつながりがあったように思える。

両者は、人身御供を求める怪物――正体は農作物を荒らす猿など――を犬、人が退治するという大枠が同じだ。「今昔」「宇治拾遺」の話は、犬の働きが大きい場合と人だけで退治する岩見重太郎型の二型だ。この点は、明治以降採集されている各地の猿神退治説話でも同じであり、「今昔」などの組み合わせをそのまま踏襲したことを示しているようにみえる。

猿神退治に類した話は、中世の御伽草子《おとぎぞうし》の中にもみえないようだ。この説話は、近世のこの時期になって再び人々の心を捉えたのだ。

近世早太郎型と、「今昔」「宇治拾遺」にある、犬が猿神退治に参加する型の話を比べると、大きな違いは、近世早太郎型には、犬を借りる部分が加わっていることである。この部分が無ければ、近世早太郎型は、やま場への入り口を失う。光前寺の早太郎伝説も、「今昔」の「美作國」、「宇治拾遺」の「吾妻人」に、犬を借りる部分を付け加えれば大筋は出来上がるのである。

「今昔」などの猿神退治説話が、近世になって民話の世界に再登場した理由は、おそらく、犬を借りる話を取り入れたことにある。逆に、犬を借りるという考え、風習が近世に広がっていたから、この古代の物語はよみがえることができたのだ。双方を結びつけたのは、犬の力で獣を退治することだろう。

この、犬を借りるという発想は、やはり近世に流布したオオカミ神使信仰から来ているのではないか。犬、オオカミを借りて来て人に仇《あだ》なすもの、特に農作物を荒らすものを退治するという主題が、近世早太郎型、神使信仰に共通している。

犬が飼われていたという土地が特定地域に偏っていることにも、両者のつながりが見える。近世早太郎型を作り、伝えた人々は、犬がいた土地に、こだわりを感じていたと思えるのだ。『日本昔話大成』の「猿神退治」から犬の出身地が出ている例を拾うと、一番多いのは丹波、次いで光前寺がある信濃がそれの半分で続き、近江、甲斐の順になる。

この説話を研究した「矢奈比売神社の信仰と芸能」（吉川祐子、静岡県民俗学会誌第六号）の表「早太郎型説話―犬の怪神退治談を中心に―」から、犬の産地が分かるものを取り出してみた。やはり、丹波が一番多く一九もある。これには隣接地、丹後の二も加えてよいだろう。続いて信州一六、甲斐九、近江の三となっている。

どちらも丹波の多さが目立ち、中部山岳地とその周辺がそれに次ぎ、意外な感じがするが、近江、それも平坦部が広がる琵琶湖東岸にある長浜の地名が出てくる。数の上で二つの核となっている丹波と中部山岳地は、オオカミ神使信仰の二大中心地だ。丹波高地一帯の信仰を集めていた丹後・京都府舞鶴市の大川神社には、今は京都市左京区に入っている大見の里からもオオカミを借りにきていた。京にも、丹波とその周辺一帯で害獣退治のためにオオカミを借りる風習があることは聞こえていたはずだ。近世早太郎型の形成には、『今昔物語集』『捜神記』にも通じていた読書階層の人間が関与していたらしい。「丹波」の名が出てくる話が多いのは、そうした人物に、犬の産地として、すぐに「丹波」を思い浮かべるような者がいたからだろう。

『捜神記』には、ついうっかりと正体を明かし、退治される古道具やサソリなどの化け物も登場する。怪神が犬の名をもらす場面を思わせる。

丹波に次いで地名が出る中部山岳地方と周辺一帯の神使信仰は、前に紹介した。甲斐は、三峯神社の信仰を支えた土地だった。

近江、それも長浜の名があるのは、義犬伝承に由来しているのではないか。その犬がいたという長浜市平方町は琵琶湖に面し、古くから湖上水運の拠点だった。対岸は比良山地。その南は比叡山に連なり西は丹波の山々だ。

近世早太郎型とオオカミ神使信仰との関連は、両者が成立し、広がった時期を並べてもみえてくる。本書では、オオカミ神使信仰は、一八世紀に入ってから盛んになり、光前寺の早太郎伝説が今に伝わる形でできたのは一八世紀後半と推定した。

近世早太郎型には、いくつかの系統が存在したようだ。明治以後になって採集されたこの説話の中には、犬の名が「すっぺ太郎」「竹篦（たけべら、しっぺい）太郎」となっている話がある。題に、その犬の名が入った芝居「竹篦太郎怪談記」は、宝暦一二年（一七六二）、大坂の中山文七座で初演された。作者は、当時、京、大坂で第一と言われた歌舞伎狂言作者の初代並木《なみき》正三《しょうぞう》（享保一五―安永二年、一七三〇―七三）だ。

「竹篦太郎怪談記」の絵本番附は、同じ宝暦一二年、刊行されており、角書には「四国の猫股四国の犬神」とある（『国書総目録』岩波書店）。絵本番附は、狂言を絵で示したもので、表紙に脚本の題が記してある。角書は、芝居などの題名の上に書いた簡単なその内容だ。

南仙笑《なんせんしょう》楚《そ》満人《まびと》の黄表紙『増補執柄太郎《しっぺいたろう》』は、光前寺の寛政縁起とほぼ同じ時期の寛政八年（一七九六）の刊だ。この黄表紙の物語の中で、化け物を退治する犬の名は、「丹波の国のしっぺい太郎」であり、化け物の正体は、古いオオカミだった（大木卓『犬のフォークロア　神話・伝説・昔話の犬』誠文堂新光社）。

これより後の文化六年（一八〇九）の序がある栗杖亭鬼卵《りつじょうていきらん》作の読本の題も「竹篦太郎」で、内題・角書などに「犬猫怪話」とある。四国の大名のお家騒動の話に、猿神退治説話をからめた物語だ。「竹篦太郎」という犬は、忠臣とともに、主家乗っ取りを図る猫が化けた側室らと闘い、ついにはこれを討つ。話の中には、忠臣が「旅中、人身御供の女人を食す猫の怪異を見る。猫は竹篦太郎の怖さを言う」のに出会う場面もある（『日本古典文学大辞典』岩波書店）。

これらのことからも、一八世紀中ごろには、近世早太郎型の話が、芝居などの世界に入っていたことが分かる。この時期になって、この話の芝居が書かれたのは、物語の素材として、まだ目新しい点に魅力があったからだろう。

怪神の正体が、話によって変わっていくところにも、早太郎型成立の過程がのぞく。退治される動物は、「今昔」「宇治拾遺」では猿だった。光前寺縁起は、いずれも狸だ。『日本昔話大成』に収載してある話をみると、一番多いのは、猿、ヒヒで、二位の狸の倍以上になる。「矢奈比売神社の信仰と芸能」では、犬が退治する型八三話のうち猿、ヒヒは三六を占め、次の狸の二一を圧倒している。光前寺縁起が採用している狸は分が悪い。

光前寺縁起の怪神の正体が狸になった点については、次のような説得力ある指摘があった。

〔早太郎が退治した魔者が、巷間では老狒《ろうひ》であるのに、仏家社家では老狸になつている事も遠慮であろう。これは仏家において、老狒では猿を意味する—となると、それは天台宗が比叡山に拠るとき招いた、そこの地主神の大日枝小日枝との垂迹説に、いくばくの暗影を与えることになる。つまり、この日枝神の使徒が「猿」だからである。〕（『光前寺』）

光前寺は天台宗だ。少なくともこの系統の近世早太郎型の形成、早い時期での流布には、天台僧がかかわっている可能性がある。そう考えれば、犬がいる土地が、比叡山に近い丹波になっている伝承が多いことも、琵琶湖の対岸で港があった長浜が出てくるのも理解できる。日本人にとって狸は、中世以降、人を食う不気味な獣だったし、近世には狐とともに化ける動物の双璧であった。狐が女性的だったのに対し、狸は男性を象徴して、時には荒々しい振る舞いをする。生贄を求める「今昔」などの猿神とも入れ代わりやすかっただろう。

しかし、狸は、果実や芋類を食べ、鶏も襲うが、農作物に与える害は、イノシシ、シカ、猿に比べると、物の数ではない。害獣の代表にするには無理がある。この点は、「竹篦太郎怪談記」の猫も同様である。両獣の名が出たのは、当時の動物観の反映だろう。

近世早太郎型ができあがった時期は、以上の点からも、一八世紀中期をそれほどさかのぼるとは思えない。時期は、やはり、オオカミ神使信仰が広がったころと重なるか、少し遅れるころになる。

近世早太郎型の犬そのものが、オオカミの痕跡を残していた。

光前寺の早太郎にも、実はオオカミであった、という伝承があった。寺の縁の下で子を産んだ駒ヶ岳の山犬が、お礼に一匹だけ残して去った、それを寺で育てたのが早太郎、というものだ（『光前寺縁起の研究』）。

また、「早太郎」の名も、オオカミと結びついていた。

「早太郎」は、「今日では全国的な通り名だろうが、これはある時期までは光前寺だけの呼び名で、その膝下の赤穂《あかほ》附近では親しまぬ名であった」「この附近の村々では一向この名に随う風はなく『へいぼう太郎』と、長たらしくても省略もせず用いていた」（『光前寺』）。

光前寺がある「上伊那地方では、狼のことを時として〝へいぼう〟と呼ぶこともあった」「伊那谷では〝灰〟（はい）のことを訛って、〝へい〟と発音する人が頗る多いから、〝へい〟は〝はい〟（灰）、〝ぼう〟は〝坊〟で子供の愛称だから、〝へいぼう〟は、〝灰色の小さい奴〟といった意味である。昔、駒ヶ根市の名刹光前寺で育てあげた狼の子は、その名を〝早太郎〟と呼んだそうだが、私たちが子供の頃、俗世間の風塵の中で聞いた名前は、早太郎などと言った戸籍吏が喜びそうな名前でなく、〝へいぼう太郎〟あるいは〝はいぼう太郎〟であった」（松山義雄『狩りの語部―伊那の山峡より』）。

一九一〇年生まれの松山さんは、子供のころ、この話を、オオカミの伝承として聞いていたのである。

光前寺縁起の中にも、オオカミの姿は、見い出せる。寛政縁起では、開祖・本聖上人の夢の中に、不動明王が「灰色の天犬」を連れて現れる。そして上人が、延暦寺からの帰途、どこからか「灰色の大犬」が飛んで来て光前寺まで従い、早太郎と名付けられる。「灰色」は、当時の人々にとって、オオカミの毛の色にほかならなかった。

そうしたオオカミ観には反するようだが、寛政縁起には、光前寺が、「犬難」除けの願いや「病犬の時節は犬伏御祈祷」をしていたことが出ている。寛政縁起によると、本聖上人は、「末代の民百姓悪事災難を救んため」、荒行を思い立っており、その動機になったのは、「此土地四五里近辺の百姓農業耕作の隙には木樵山賤《きこりやまがつ》を渡世となすゆへ大木を伐て押にうたれ　或は犬難の者多かりき」だった。「犬難」は山中で働くために多いというのだから、「犬」はオオカミだ。早太郎伝説ができる前から光前寺には何らかのオオカミとのかかわりがあったようだ。それが人間からみたオオカミの性格は逆でも、神使信仰が広がる中で、早太郎伝説の元の話を呼び込んだのだろう。

近世早太郎型が、害獣退治を願うオオカミ神使信仰を取り入れていることが分かれば、「今昔」に出ている猿神退治話が、六百年ほどの歳月を経て、近世も中ごろになってよみがえったわけもみえてくる。

「今昔」の話も、害獣防ぎに犬を使うことが、物語の軸になっていた。一八世紀、獣害がひどくなるとともに、オオカミ神使信仰が、中部、中国地方や丹波などの焼畑地帯を中心に盛んになった。山間部農民たちの暮らしに通じていた知識人の中には、この信仰に触発され、似たような環境を舞台とし、同じ主題を持つ「今昔」の猿神退治説話を思い出した者がいたのではないか。

近世の猿神退治説話も、悪神の正体は、少なくとも、復活当初には、「今昔」と同じく、猿だったはずだ。岩見重太郎型の元の話は、やはり「今昔」の「飛驒國」だろう。ここでは、近世早太郎型が成立、広がった後、それが呼び水となり、思い出された可能性を指摘しておきたい。

❖化ける❖

近世、ニホンオオカミは、物語の中で、人に化け、あるいは、人語を話すようになる。活躍ぶりは、花形役者のタヌキ、キツネに比べると、全く影が薄いが、身辺に漂わせている妖気は、それまでみせなかったものだ。それを彼らに帯びさせたのは、人との紛争の増加だった。この時代の三番目の特徴である。

オオカミが人に化ける話は、江戸時代中期の寛延二年（一七四九）刊の『新著聞集』にある「古狼婦となりて子孫毛を被る」が有名だ。本書では、この系統の物語を「千匹狼」説話と呼んでおきたい。

▽越前の国大野郡菖蒲池《しょうぶいけ》（筆者注・現福井県大野市）のほとりに、ある時、オオカミの群れが出て、日が暮れると、人の往来が絶えた。ある僧が、菖蒲池の孫右衛門の家を目指して先を急いでいると、思っていた以上に早くオオカミが出た。僧は高い木に登って夜を明かそうとした。オオカミたちは、木の下に集まって僧を見上げていたが、一匹が、「菖蒲池の孫右衛門がかゝ」を呼ぼう、と言うと、それはもっともだ、と（迎えに）行った。ほどなく大きなオオカミが来てつくづくと見上げ、「我を肩車に上げよ」と言うと、我も我もと、股に首をさし入れ高くしてきた。既に僧の側近くになり、身も縮み、気を失いそうになったので、小刀を抜き、（一番上の）オオカミを突くと（オオカミは）同時にくずれ落ち、みんな帰って行った。夜が明け、僧は孫右衛門の所に行く。そこでは、妻が昨夜死んだ、と騒いでいる。死骸を見ると、大きなオオカミであった。「その狼が、子孫に至るまで、背筋に狼の毛、ひしと生てありしとなり。又土佐岡崎が浜の鍛冶がかゝとて、是《これ》に露《つゆ》たがはざる事あり。」△（『日本随筆大成』）

この話は、題の通り、当時は始祖伝承として扱われたようだ。

『新著聞集』が取り上げた土佐の話は、南方熊楠も「千疋狼」（昭和五年『南方熊楠全集』）で論じている。それによると、話の大筋は「菖蒲池」と同様だが、一部違うところがある。この「土佐国安芸郡野根山」の物語では、主人公は飛脚であり、オオカミの群れに襲われていた産婦を大杉の枝に登らせる。オオカミたちが、「崎浜《さきはま》の鍛冶が母」と呼んだ「大白毛」の首領のオオカミが、頭に鍋をかぶって刀を防いだ点も違う。特に結末部は大きく異なっている。

▽オオカミが退散したので、飛脚は産婦を木から降ろし、自分も用を済ませて「崎浜」の鍛冶を尋ねた。知らんふ

りをしてその家で休息すると、奥の間で病人がうなる声がする。問うと、老母が昨夜、便所に起きて誤ってつまずき、石で額を打った、と言う。飛脚は、なるほどと合点し、やにわに（その部屋に）入って老母を切り殺した。家人が驚いたので、昨夜のことを話し、野根山中に「崎浜鍛冶母とよぶ巨狼あり」、旅人を悩ませ、この家の老母も、そのオオカミが殺して化けていたもので、実は、人間ではない、と言い、床下を見ると人骨がたくさんあった。時間がたつと、老母はしだいに大白毛のオオカミに化していった。△

「崎浜」は、現在の室戸市佐喜浜町。

南方は、この文は、友人の寺石正路が『南路志』から写して送ってくれた、と推定した。

『南路志』は、江戸時代後期の土佐の豪商、武藤《むとう》致和《むねかず》が子の平道《ひらみち》と書いた土佐の歴史・地理書だ。致和は、文化一〇年（一八一三）、七三歳で亡くなっている。

一七〇〇年代後半のかなり早い時期にまとめられたと考えられる『因府夜話《いんぷやわ》』にも、現在の兵庫県美方《みかた》郡新温泉町鐘尾を舞台にした同じような筋の話がある。これは、襲われたのは山伏であり、「老母」が前夜、けがをしたため家族が騒いでいるだけでオオカミが正体を現したり人が退治する展開にはなっていない。

大山のふもとの鳥取県西伯《さいはく》郡大山町種原では、「千匹狼」に、キツネが人の男の妻になって恩返しする「狐女房」型が加わったものが、明治以降、採集されている。オオカミが助けてくれた男の女房になり、よく働いて家も富むが、他のオオカミと梯子を作って旅の僧を襲ったために正体がばれて姿をくらます。田植えの時期、オオカミ女房に去られた男が途方にくれていると、ある夜、オオカミの群れが来て苗を植え、秋は豊作だった、という話の展開だ。『日本昔話大成』によると、福島県にこれと類似の伝承があり、広島、愛知、石川、埼玉などでも同系統の話が採取されているが、豊作をもたらす動物は、大山山麓以外はキツネだ。

山陰道に沿った兵庫県養父《やぶ》郡八鹿町《ようかちょう》（現養父市）にも、鳥取の話と共通するところがある「掃部狼婦物語《かもんろうふ》」が伝わっていた。『八鹿町史』によると、作者は不明だが、二、三の写本が地元の宿南には残っているという。「町史」から必要部分を要約する。

▽昔、宿南村に田垣《たかき》（高木）掃部という人がおり、その妻綾が永享七年（一四三五）、落とし穴に落ちていた親子のオオカミを助けた。それから、掃部の田畑はイノシシやシカの害を免れ、みんな不思議がった。その後、綾は亡くなった。後妻の牧と彼女を掃部に取り持った沢右衛門が綾の子を殺そうとした時、先のオオカミが牧を殺してなり代わり、沢右衛門も殺す。オオカミは、ある夜、沢右衛門が掃部家から盗んだ宝刀を購入して持っていた山伏が但馬に来た時襲い、積み上がった仲間の上に乗って樹上に逃れた山伏に迫り、眉間を刀で刺されたが、宝刀を奪って消える。山伏は翌朝、オオカミたちが言っていた「カモン」の家を捜す。掃部を尋ねると、妻が昨夜、便所に行って転び、額にけがをした、と話す。山伏の来訪を聞いた牧は、掃部親子に、自分の正体とこれまでのいきさつを告げ、作物をイノシシやシカから守ったのも恩返しだった、形見にオオカミの木像を作ってくれれば、魂が移り、末代まで掃部家を守る、と言い残して消える。翌朝、床下にオオカミの姿で死んでいた。掃部の子、左衛門主従が仕官先を求めて旅立つ前夜、オオカミが菩薩となって夢枕に立ち、「我が魂は木像に留まり、末代までこの国にありて五穀を荒らす獣の害を防がん。故に当郡の内に霊神の宮寺あらば、我が姿を安置せよ」、像はここに残っても魂は主従に添い守る、と告げる。二人は、オオカミ像をある寺に納め、関東に行って北条早雲に仕える。△

『八鹿町史』は、オオカミの像を「納めた所は養父神社の境内にある狼神社であろうと（筆者注・この物語の）作者はいっている」と記している。

「掃部狼婦物語」の柱は、オオカミが害獣防ぎに大きな役割を果たしていることだ。この伝承が、養父市の養父神社の神使信仰と無縁とは、思えない。この話と、鳥取の大山山ろくの伝承は、元から地元に伝わっていた、オオカミと豊作を関連付ける見方、信仰、説話と、後から入ってきた「狐女房」、「千匹狼」が結びついたものだろう。

大山の北麓一帯には、鳥取県東伯《とうはく》郡琴浦町の船上山《せんじょうさん》（六一五メートル）の山頂近くに社があった船上神社《せんじょうじんじゃ》から、「オオカミさん」、「オオカメさん」を借り、疫病などの退散を祈る船上山信仰が、明治以後も広がっていた。「オオカミさん」

を借りる時は、お札や木彫りの狛犬、境内に生えているササを持ち帰った（『大山北麓の民俗』米子工業高等専門学校大山北麓民俗総合調査団＝昭和六二年＝から川上迪彦「民間信仰」）。

『新著聞集』の刊行は、一七四九年であり、『因府夜話』の成立が、一七〇〇年代後半の初めごろだ。しかも、土佐の「千匹狼」の話を、『新著聞集』の著者は、すでに知っていた。これら「千匹狼」説話が世に知られるようになった時期を考えると「掃部狼婦」の成立は、早くても一八世紀半ばごろだろう。「千匹狼」の不気味な妖獣は、神使信仰の力によって、再び人間、農民の側に引き戻されたのである。

「千匹狼」はその原型とみられる話が、中国の物語にある。それらの中国説話に出てくる動物は、人を食うのが当然と、考えられていたトラのこともある。

『太平広記』が収めた「松陽人」は、八世紀、唐の戴孚《たいふ》撰の伝奇集『広異記』からの引用だ。

▽松陽の人が山にたき木を取りに入り、日が暮れてしまった。二頭のトラに追われ、木の上に逃れた。トラたちが跳び上がっても届かない。トラたちは、「朱都士（事）がいれば必ず目的を達せられるのに」と相談すると、一頭はその場に留まって見張り、もう一頭はいなくなってすぐにもう一頭、細長く、よく（人を）捉えそうなのと来た。新しいトラは、しきりに人の服を捕まえようとする。人が刀で前足に切りつけると、大きな声で吠え、みんないなくなった。明るくなって帰ることができたので、村人に会い、これこれだったと尋ねると、村人が「県の東に朱都事というものがいる。これでないか」と言う。数人で行って問うと、「昨夜、にわかに手にけがをし、今は寝込んでいる」と答えた。そこで、本当はトラだと思って、県令は役人に刀を持たせてそこを囲ませ、焼くと朱都事はたちまち奮い立ち、トラとなって人の間に突入し、行方が分からなくなった。△

梯子は作らないが、木に登れないトラに樹上の人を襲わせるために、細長い、特異な形の個体を登場させている。この物語のヤマであり、作者が苦心したところだろう。

同型の話で、動物がオオカミになっている例も、『広異記』にある。やはり『太平広記』に入っている「正平縣《せいへいけん》村人」

と題した一編だ。
▽唐の永泰の末、絳州《こうしゅう》正平縣の村に老翁がいた。数ヶ月の間病気になった後、十余日食べず、夜になって所在が分からなくなった。誰もその理由を知らなかった。ある夕、村人で畑で桑を採っている者がいた。牡《おす》オオカミに追われ、うろたえて木に登った。木はそれほど高くはなく、オオカミが立ってすそをくわえる。村人が、危ない、と斧で切ると、額に当たった。オオカミは長い間、うずくまり伏した後、去った。村人は、夜が明けて初めて木を降り、オオカミの跡をたずねると、老翁の家に至って堂の中に入った。村人は、そこの子を呼び、始末するよう説いた。子は父の額に斧の跡があるのを見て、また人を傷つけるのを怖れて扼殺《やくさつ》すると老いたオオカミになった。縣に行って自分から説明した。縣は罪としなかった。△

この話は、オオカミが本当の父親を殺して入れ代わっていたことも示唆している。

これらの中国の説話を組み合わせれば、わが国の「千匹狼」は容易に作り上げられる。

『太平広記』にある話は、江戸時代初めの黄表紙本にも取り入れられていた。

『新著聞集』とほぼ同時代、寛保二年（一七四二）の松風庵寒流著『老媼茶話《ろうおうちゃわ》』にある「狼」は、また別の、人への変身話だ。
▽江戸の男が、奥州の松島を見に行く途中、道に迷い、山の中に入ると、人が来ないような谷陰に、貧しい家があった。道を尋ねようと案内を乞い、中に入ると、老夫婦とその娘らしい二十歳余りの美しい女がいた。旅人が娘に惹かれ、姥《うば》に、娘を妻にほしい、そうしたら老夫婦も引き取りたい、余生を楽しんでもらいたい、と言うと、夫婦は、自分たちは年老いて明日をも知れない身だからこの山中に果てても、娘は世間で暮らさせたい、望まれるのなら妻にさせよう、と言う。旅人はたいそう喜び、老夫婦に金子《きんす》を与え、松島見物はやめて江戸に戻った。三年たち、妻は、思いがけなく父母と離れて三年になった、便りもしていないのでどんなにか心配していることだろう、奥州に下り、父母の顔を見たい、と切なそうに頼んだ。男は金もあり、松島も見たいと思い、供も少し連れて奥州に旅立った。ほどなく、

その所に着き、あちこち家を捜すと、庵の跡はあるものの、柱は倒れ、壁は落ちてずっと人は住んでいなかったように見えた。かたわらをよく見ると、大きなオオカミの死体が、二匹重なって風雨に朽ちていた。女はこの死骸を見て、「我が父母はすでに人のために殺されてしまわれた、口惜しや」と言い、身震いするとたちまち大きなオオカミとなって吠え怒り、夫に向かって来た。夫は大いに驚き、刀を抜いて防いだが、ついにオオカミに食い殺された。供の男たちは、これを見て後ろも見ずに逃げ帰った、とかいう。△（柳田國男、田山禄弥・編『近世奇談全集』博文館新社）

『太平広記』に、これとほとんど同じ筋の話がある。唐代の作者不明の伝奇集『河東記《かとうき》』に入っている「申屠澄《しんとちょう》」だ。動物は虎である。山の中に住んでいた娘が旅の若者と夫婦になり、数年後、父母の家を訪ねるところまでは「狼」と同じだが、両親の姿が見えないので悲しんでいた妻は、部屋の中にあった毛皮をかぶって虎になり、姿を消す。夫は殺していない。

この中国の説話を、近世の日本人は、老夫婦と娘を柳の木の精とした美しい哀話に仕立て直してもいる。『老媼茶話』より、四〇年近く前の宝永元年（一七〇四）に刊行されている辻堂兆風子『玉すだれ』の一編「柳情霊妖」がそれである。娘は、雪の日、家に泊めた若者と結ばれ、都に出て幸せに暮らしていたが、遠い山中で三本の柳が切られた時、夫の前から溶けるように姿が消えてしまう。若者は、妻の家があった所を訪れ、三つの切り株を見い出す。

この物語は、今では、小泉八雲の作品によって広く親しまれている。

ここで取り上げたオオカミ変化《へんげ》の説話「千匹狼」「狼」が出ている本の刊行、またその物語の成立年代がさかのぼれるのは、一八世紀半ばごろまでだ。狼害記録の増加が人との緊張の高まりを示し、享保一七年（一七三二）の狂犬病大流行の後、山道を行く者が、オオカミ出現と聞けば、即「病犬」か、と怖れるようになっていた時期である。

同じ中国の物語から構成を借りながら、一七〇四年の「柳情」では、「申屠澄」での虎の役をやさしい柳の精が果たしていたのに、一七四二年にできた「狼」では、オオカミになっていて、親の家まで送ってくれた夫をかみ殺しさえする。中国の同じ物語を下敷きにしながら対照的な展開にした両話の間に、享保の狂犬病流行をはさんでいるのは、偶然とは思えない。これらのオオカミ怪奇譚は、一八世紀に入ってから人との葛藤が増加する中、中国の説話を柱にして成立したのだろう。

しかし、オオカミは、近世でも、化ける動物の主流にはならなかった。オオカミは、これらの怪奇説話で役を得た後は、また、影が薄くなってしまう。

オオカミが人に化ける説話の中には、この獣が一族の始祖とかかわっているということになっているものがある。その成立時期は、オオカミ妖怪譚より古いと思えるものすらある。オオカミの妖獣面が強く出ている化ける話の中で、始祖伝承はその強さへのあこがれの残像部分であろう。

文政元年（一八一八）に成立した桑原藤泰『駿河記《するがき》』（足立鍬太郎校訂）の「巻十九　志太《しだ》郡巻之六」は「假宿」、現静岡県藤枝市仮宿にある「内宮権現社」を取り上げ「在二万福寺境内山一　一曰二狼明神一」の説明を付けている。

▽昔、「中納言兼輔卿《かねすけきょう》」が駿河に流された時、子が無かったため、「松山の八幡宮」に祈ると、オオカミが赤子をくわえてきたので育てた。許されて京に帰る時、その子はここに残し、成長して「俊傑武勇の人」になった。「朝比奈岡部両氏の遠祖」である。「其遺跡とて狼を神に齋《いつき》祭りて内宮権現と崇むと云」。△

ただし、藤泰は、これらのことは根拠のないことで、「唯里人の談を誌《しる》すのみ」と断っている。

『駿河記』成立後の文久元年（一八六一）に、駿河浅間新宮の前神主、中村高平が書き上げた『駿河志料』（静岡郷土研究会）に、これと同類の話が、「岡部」、藤枝市岡部町に祀られている「若宮八幡社」にからむ伝承として出ている。ここを出身地とし、同社の神殿を造営、修理してきたという岡部氏の再興譚だ。

▽「社家傳云、當社は延喜年中 堤《つつみ》中納言兼輔卿の祭られし所なりしに、二百四十四年の歳霜を歴て、久安年中（筆者注・一一四五―五一）岡部権守清綱神殿を造營し、後世は岡部氏沙汰せられしにによりて、慶長一四年（一六〇九）十一月丹州亀山城主岡部内膳正長盛修造せられ、又寛永二年（一六二五）九月修補ありて後、今も彼家にて修理せらると云。」

「岡部家譜」に次のように言っている。

（筆者注・戦国時代の開始より二〇年ほど前の）「嘉吉（一四四一―四四）文安（四四―四九）」、岡部一族は、軍事のため次々と死に、家は断絶しそうになっていた。古くからの家臣が、「氏族を求め」て同神社に参籠すると、最後の夜に霊夢を見た。醒めて三保の松原に行くと、鶴が赤子をくわえており、追っても及ばなかったが、「其翌旦《そのよくあさ》老狼の小兒を銜《くわえ》て來《きた》れるに、小兒の片肩脾腹《わきばら》に果して鶴の觜《くちばし》、狼の歯の迹《あと》あり」。この子が成長して岡部氏の残った娘と結ばれ、家を再興した。「今に至り、岡部氏の嫡統は、片肩鶴觜之形あり、脾腹狼歯の跡あり、神助なりと見えたり」△

「岡部家譜」からの引用部については、頭注で、宝永六年（一七〇九）、「岡部兵庫」が寄付した「国府宝泰寺」所蔵の原本から要点を誌す、と説明している。

同書も、仮宿の「内宮権現社」を取り上げた。

〔此地は岡部御厨《みくり》の地にて、神鳳抄に岡部御厨と見ゆ、此社則御厨の神明社なるべし、中古衰廢せしに、好事のもの、兼輔卿の事に附會し、神前の狛犬を狼と牽合《ひきあわ》せ大神をかしこくも狼とさへ云にやあらむ〕

この文には、次の頭注が付けてある。

〔里人の説に岡部氏の祖、一子を祈りしに、狼小兒を啐《くは》へ来りて授けしに依て祭れりと云（略）、狼を祭り、内宮と云ふは信がたし〕

岡部氏は、同地を根拠地として今川、武田、徳川氏に仕え、近世・江戸時代には、丹波・亀山、福知山などを経て和泉・岸和田藩主になり、そのまま明治を迎えている。

『甲子夜話』にも、「旗下《はたもと》の御番士一色熊蔵と云《いひ》しが物語」った、「某と云《いへ》る旗下人の領地」での出来事になっている話が出ている。この伝承も、跡を継ぐべき子がおらず、いつも憂えていた人が、オオカミの口の中に刺さった骨を取ってやると、翌日、門の外に幼児が捨ててあり、後に嗣子にした、という筋だ。子の肩先には「歯痕」があり「子孫も出来て、今に至て連綿と相続て勤居るが、其肩には歯痕の如きもの有りと云」。

静山は、この伝承を持つ「其家の名」は聞かなかった、と断っている。この点は、噂話をする人間にとって一番関心があるところだ。わざわざ断っているのは、実際には知っていたからだとも思える。この伝承でも、その家系にオオカミの血が入っていることにはならないのだが、近世の後期、この獣が始祖にからむような話を、人前で話題にするのは、ややはばかる空気があったことが察せられる。

❖近世文芸❖

オオカミをめぐる近世の第四の特徴は、劇や俳諧など、文芸にも取り上げられるようになったことだ。

近世に完成し、この時代を代表する民衆文芸となった俳諧は、オオカミを避けないようになっていく。

俳聖、松尾芭蕉（正保元年―元禄七年、一六四四―九四）は、「狼」をおおっぴらなものにした功労者の一人だ。

次は貞享四年（一六八七）、鹿島詣《かしまもうで》の時作った句だ。

〔萩原《はぎはら》や一夜《ひとよ》はやどせ山の犬〕

これには次の異形句がある。

〔狼《おほかみ》も一夜ハやどせ萩がもと

　狼も一夜はやどせ芦《あし》の花〕

（古典俳文学大系『芭蕉集』集英社）

萩の花に、オオカミのための宿を頼んでいる。

蕉門十哲の一人、内藤丈艸《ないとうじょうそう》（寛文二年―元禄一七年、一六六二―一七〇四）の次の句は、私たちがすでに失った光景を伝えている。

〔狼《おほかみ》の声そろふなり雪のくれ〕（同『蕉門名家句集一』）

丈艸は、元尾張犬山藩士。出家し、近江・湖南に住んだ。

元禄三年（一六九〇）の成立と考えられている池西言水《いけにしごんすい》編の『都曲《みやこぶり》』に次の句がある。

〔狼《ヤマイヌ》もおそろしからぬ花野哉《かな》　勢州白子長島氏　義重〕（新日本古典文学大系『元禄俳諧集』岩波書店）

「花野」は、秋の花が咲いている野である。そこはシカのエサ場であり、彼らを追ってオオカミが出没する所だ。美しい花々は、オオカミの恐怖を忘れさせてくれはするが。

炭太祇《たんたいぎ》（宝永六年―明和八年、一七〇九―一七七一）の明和九年（一七七二）刊『太祇《たいぎ》句選　後篇』に次の秋の句が入っている。

〔狼のまつりか狂ふ牧《まき》の駒〕（古典俳文学大系『中興俳諧集』）

オオカミの出現に、放牧の馬が逃げまどう様が目に浮かぶようだ。

一八世紀に入ると、オオカミは、俳諧の中では、もう珍しいものではなくなる。

しかし、それらの俳諧に詠まれたオオカミの姿に実際の生態を描いたと思えるものは、少ない。俳人たちは、オオカミの恐怖を、作品の香辛料として利用していたようだ。

❖無　害❖

近世、狼害が人々の耳目を引き、日本人の心情世界の中で、オオカミが黒い影を広げていた中でも、この動物への不思議な信頼感、好意は、山地住民だけでなく、都市生活者の中にも根深く残っていた。

これから紹介するのは、普通の状態では、人とオオカミが保っていた尋常な関係を描写した近世の文の一つである。

西村白烏の『煙霞綺談《えんかきだん》』は、明和七年（一七七〇）の自序がある。同書に彼の師、林自見が次の文を挿入している。

〔愚近郷智《がうち》（知カ）音《ゐん》を尋《たづ》ねて遊行《ゆうかう》するに、広野《くわうや》山中此狼《をゝかみ》に出逢《いであふ》事度《たび》々なり。山家《か》の人は常に見馴《なれ》しゆへ、さのみ怖《をそ》れず、此方より手を出さゞれば、人を噛《かむ》ものにあらずといへども、偶《たまたま》道に行逢《あふ》ことあり。いかゞせんと立とゞまるに、彼《かれ》はすこしもとゞまらず。寔《まこと》に人なき所を行がごとく、のさ〳〵と歩来《あゆみきた》る。せんかたなくて道を除《よけ》て見ぬ体《てい》にて通《とふ》れ

ば、ゆう〱と心ざしたる方へ跡《あと》も見かへらず行。（略）
又狼《を、かみ》は色欲《しきよく》の薄《うす》きものなりといへり。さもあらん、度々《たびたび》此獣《けもの》にあふ人に尋《たづぬ》るに、尾《を》を立て走《はし》るを見し人なし。常の犬の物に怖《をそ》れて逃るごとく、尾を俣《また》へ引入て陰形《ゐんぎょう》を隠《かく》すとなん。色欲《しきよく》を恥《はぢ》るゆへか。彼狼《を、かみ》交合《こうごう》をする時、人行《ゆき》かゝれば、其人を見覚へて、数年の後にもかならず讎《あだ》をなすものなりといへり。かゝるときは、男女によらず、衣服を脱《ぬい》で隠所《かくし》をあらはに見せて通れば、其害なしといへり。」

オオカミが、道で人に行き逢った時の様子は、この動物の通常の態度だったのだろう。

林自見が住んでいた「三河吉田」は、現在は愛知県豊橋市に入る旧東海道の宿場町だ。

自見の文の後半にある「色欲」云々は、わが国で広まっていた俗説である。

根岸鎮衛（一七三七―一八一五）の『耳嚢』も、オオカミを美化さえしているような「豺狼《さいろう》又義気ある事」の話を収めた。

「尾州名古屋より美濃へ肴荷《さかなに》を送りて生業とする者ありしが、払暁へかけて山道を往返なしけるが、右道端へ狼出て有《あり》ければ、与風《ふと》肴の内を少々分け与へければ、怡《よろこ》べる気色にて聊《いささ》か害もなさゞりし故、後々は往来毎《ごと》に右狼道の端に出ける節、不絶《たえず》肴を与へ通りしが、誠に馴れむつぶ気色にて、必ず其《その》道の辺にいでゝ、肴を乞ひ跡を送りなどせるさま也。かく月日へて或時右之処肴荷を負ふて通《とおり》、彼《かの》狼に与へべき分は別に持《もち》て彼辺に至りしに、与へし肴は曾《かっ》て喰はず、荷縄を喰はへて山の方へいざのふ様子故、「如何する事」と其心に任せけるに、四、五丁も山の方へ引き至りしに、狼の寝臥《ねふし》する処なるや、すゝき・かや等踏《ふみ》しだきたる所有《あり》。其処に　暫《しばらく》彳《たたず》み〔居た〕至りしに、何か近辺里方《さとかた》にて大声をあげ、鉄炮《てっぽう》などの音して大勢にて騒ぐ様子なる故暫猶予して、静まりけるゆへ元の道へ立出しに、里人集りて、「御身《おんみ》は狼の難には不逢哉《あわざるや》。渡り狼両三疋出て海辺の方へ行《ゆき》しが、人を破らん事を恐れて、大勢声をあげ鉄炮など打て追払ひし」といゝける故、「我等かく〱の事にて常に行来《ゆきき》之節、肴など与へ馴染《なじみ》の狼、此《この》山の奥の方へともなひし」訳《わけ》語りければ、「扨《さて》は彼狼、わたり狼の難を救ひしならん」と、里人も共に感じけるとや。」

「わたり狼」は、素行の悪さで知られていた江戸時代の武家屋敷の渡《わた》り中間《ちゅうげん》からきた言葉、という説があるが、この文での使い方をみると、自分の領域を失い、さまよい歩いていたオオカミのことではないか。その土地のオオカミには追われ、エサもあまり取れず、いつも怯え、飢えていたはずだ。人間に対しても、攻撃的だっただろう。

この『耳嚢』の話の前半部分によく似たものが、鎮衛とほぼ同時代の国学者、平田篤胤（一七七六―一八四三）の『玉襷』に出ている。これは、篤胤が「皇國の狼」は、「諸蕃國」のそれに比べると、強猛なうちにも情けあり、信義の道理をもわきまえているものが多い、という例としてあげ、国学が説く古道の義をみても勇むことなく、「狼にだも及ざる徒の勧誡《いましめ》」としたものだ。話の出所は、「或る人の秋山の記と云ふものに記せると、往年《さき》に荒木田ノ末壽が語れるとを、合せ考えて挙るなり」と説明している。

▽寛政八年（一七九六）のことだ。但馬国竹野《たけの》の浜（現兵庫県豊岡市竹野町）に貧しい女がおり、一里ばかり山を越えた所に住む恋人のもとに通っていた。ある五月の雨が上がった夜、峠を越えると道に大きなオオカミがいた。近付くと女の方にやって来て目を光らせ、牙を鳴らしてかみつこうとする。女が地にひれ伏し「想う男の元へ通おうとして女の身で大胆にもあなたの住みかを通ろうとした。今、そのために食われようとしているが、男に最後の別れをしたい。帰りに食べてほしい。夜明けまでには、ここに帰ってくるから」と泣きながら言うと、オオカミは、それを真心と受け止めたらしく、食いつかなかった。このことは、男には言わないまま別れ、覚悟をして峠に来ると、オオカミはいない。「彼は情けあって許してくれたのか」と喜んで山を下った。次に峠を越えた時は、新しい魚を背負って登り、木の下を払《はら》いきよめ、「この命は、あなたに賜ったもの。貧しい身で少ないが」と供えた。帰りには残らず食われていた。女は、「また来る時にも進ぜましょう」と拝んで帰り、その後も行く度に供え物を欠かさなかった。

この女に想いを寄せている男がいた。言い寄っても相手にされない。女が男の元へ通っていることを聞き、ある夜、峠の木の陰に待ち伏せ、山刀を抜いて脅し、乱暴しようとした。女は、「命を失っても、夫と思い定めたと男がいる」と拒み、「我が御神よ。狼どの、狼どの、この仇《あだ》なる人を追って給われ。この場を助けて下され」と続けて呼ばわると、峠のどこかから、そのオオカミが一散に駆け来て男のこむらのあたりを骨まで食いついた。男は倒れ、女は「我が御神」と言いながら山を逃げ下った。その男は、オオカミに食い尽くされた、という。想う男の父も、女の貞心を聞いて結婚を許し、今も夫婦でいるという。義を見て勇めるオオカミに、人としてどうして恥じないでいられるだろうか。このほか、この獣に信義があると思われる事などを聞いているが、一々は書かない。△

女のオオカミに対する態度は、「御神」と呼びいかにも丁重だ。しかも、危険が迫った時には、迷わず助けを求め、オオカミが自分を庇護することを信じている。このあたりにも伝わっていたはずの、同じ但馬にある養父明神の神使信仰を思い起こさせる。

尾張、美濃と但馬の話の関係はわからない。

近代になっても、吉野には、オオカミが人を救ったという伝承があった。

十津川文化叢書『十津川の民俗（下）』（昭和三六年＝一九六一）

〔玉置山でヒトクサイという化物に遇《あ》い、「人臭い、人臭い」といってやって来たのを、狼にかくまってもらってやっと助かった。このヒトクサイは一本足だとも言う。〕

山の魔物も、オオカミにはかなわなかったようだ。

伝承の中で人を助けるオオカミには、このように、はっきりしたその理由がない場合もある。

医者で地理学者だった古川古松軒が書いた『東遊雑記《とうゆうざっき》』は、天明八年（一七八八）、幕府巡見使の随員として東北地方と北海道の一部を回った時のことを、日記式にまとめたものだ。一行は同年九月、オオカミが地名になった陸前北部の狼（おいぬ）河原、現宮城県登米《とめ》市東和町を通っている。

〔十九日　狼《おいぬ》河原御発駕、四里藤沢、一里半余千厩《せんまや》止宿。狼河原という所は、多葉粉《たはこ》の名産にて、東都にて人の知るよき煙草を出せる所なり。また狼の数多《あまた》いる地ゆえに、狼河原と地名せりという。すべて奥羽にては狼をおいぬと称して、おおかみといえば土人解せず。この辺は鹿出で田畑をあらすゆえに、狼のいるを幸いとせるゆえか、上方・中国筋のごとくには狼をおそれず。夜中狼に合う時には、狼どの、油断なく鹿を追うて下されと、いんぎんに挨拶して

通ることなりと、土人物語せしもおかし。」（編者・大藤時彦『東遊雑記』平凡社）

農民たちは、オオカミを怖れてもいないようにみえる。古松軒の旅より四年前の天明四年には、橘南谿が日本海側の秋田、山形県境で、狂犬病にかかったオオカミ出没の噂に震え上がっているのだが。

『東遊雑記』には、オオカミが、牧の馬を殺していたという報告もある。一行が、「大河原駅」、現宮城県柴田郡大河原町を発して「白石城下《しろいし》」、現在の同県白石市に入った時、聞いたことだ。

〔刈田ガ嶽の東南の野に、古よりも片倉氏の牧野あり。昔は一年に三百も五百も駒を産せし牧なりしに、七、八年以来は山犬数多《あまた》生じて、牧の駒を取り喰うにより、片倉氏より猟師を遣し、さまざま制せらるれども止まずして、駒の産も大いに減ぜしといえり。〕

今では同じ県内になる「狼河原」の農民たちのオオカミへの敬意は、このような牧場荒らしにもかかわらず保持されていたのである。

これまで、古代から江戸時代までの日本人とオオカミとの関係の変化、それに伴うオオカミ観の推移をみてきた。大枠では、神から凶獣へ、という流れをみいだせよう。そうなった原因は、人間の側にあった。時代を追ったオオカミの扱いの変化は、人と自然との関係を語っている。ニホンオオカミが滅亡した原因は、いまだに不明な点が多いのだが、近世に入ってからの開発など人間による圧迫、両者の軋轢《あつれき》の増加をみていると、明治の文明開化やジステンパーの流行は大きな要素であったにしろ、滅ぶべくして滅びたという感じがする。

しかし、わが国では「赤ずきん」のような物語が作られることはついになかった。このようなオオカミ観は、現代の私たちも受け継いでいる。それをたどり、歴史を遡って行けば、「貴き神」「大口の真神」に行き着くのである。

第Ⅲ部　オオカミがいたころ

第Ⅲ部では、奈良県・吉野地方を中心に、これまで採取されていたり、筆者が聞き集めたオオカミについての見聞、伝承などを取り上げ、「オオカミがいたころ」の世界をのぞいてみたい。「鷲家口《わしかぐち》のオオカミ」（明治三八年＝一九〇五）からほぼ一世紀。取材を続けていくうちに、二〇世紀末はニホンオオカミについての話を聴ける最後の時期だったと思うようになった。対象とする時代は、おおむね江戸時代後期から明治、大正にかけてになる。証言には犬との混同がある可能性も否定はできないが、資料の散逸を恐れ、とにかく後世の読者に渡しておきたい。

❖山の生活❖

吉野の山中には、かつての街道の跡が、今も高い尾根をたどり、峠を越えて続いている。使われなくなってからも、なおその昔の主要道の面影をとどめ、歴史と人のぬくもりを感じさせる道だ。この街道は、今からみると意外なほど多くの人たちが、通り過ぎて行ったのである。人は林業の仕事を求めて安芸、阿波などからやって来た。いろいろな行商人、さまざまな芸人たちもいた。

生活苦から、また病に冒されて安住の地を持てないまま、この山中の道をさまよう人々もあった。

『懐旧録　十津川移民』（新宿書房、一九八四年）は、明治二二年（一八八九）の十津川村大水害の後、多くの村人と共に古里を離れ、北海道・新十津川村に移住した森秀太郎さんが、毛筆で書き残していた記録を、末子の森巌さん（明治四〇年＝一九〇七＝生）が編集した。秀太郎さんは、慶応二年（一八六六）、十津川村内野で生まれている。

▽自分の学校も卒業に近付いたころ、越後衆で夫婦連れの乞食が村に来た。亭主が病気になったので、村方一同で相談し、炭焼窯が雨露をしのげて暖かいからと、その中に住まわせた。村中交代で世話していたが、ついに死んだので、道の肩に埋めた。女房はろくに物も言えないような女だったが、世話になった礼のつもりか、涙を流してしきりと村人に頭を下げていた。夜も埋めた所を去ろうとしないので、一同ホロリとしたが、困りもした。「狼が食べにく

るので危ないからである。」なだめて窯に帰し、村方で番をすることにした。子供の自分もかり出されたが、さびしいやら恐ろしいやらだった。しかし、「可哀相なので女房には内緒にしておいたが、屍体は狼が毎晩来て掘り出し食べてしまった。」△

吉野の人々も、生活に余裕があったわけではない。

天川村洞川《どろがわ》は、高所で米はまったく穫れず、井口晃さん（明治二八年＝一八九五＝生）の子供時代には「食事は、一年中、かゆだった。学校から帰って白いご飯が炊いてあると、何かあったのか、と思った。」

大切な食料だったクリの実は、洞川では村近くの落葉樹の山で、誰でも自由に拾えた。それは女性の秋の仕事であった。井口さんが子供のころ、朝、寝ていると、クリ拾いをする人たちのワーワーという話し声で「山が鳴った。」

十津川村重里《しげさと》、榊本利清さん（明治四一年＝一九〇八＝生）が、母親から、ほうそう＝天然痘にかかった娘とその母の話を聞いたのは、小学生の時だった。大正七、八年（一九一八、九）ごろのことになる。母親は、明治一九年（一八八六）の生まれだった。

吉野山中の古道

吉野郡十津川村から熊野へと越える「果無峠越え」の道。

重里の集落から、山の中を一キロほど北へ登ったところに、タラタラと呼ばれているなだらかな原がある。雑木も生え、村の人たちは、そのあたりで、秋から冬に、薪《たきぎ》を採っていた。榊本さんの母親も、ふろやいろりで燃やす木を切りに、榊本さんを連れて行き、お昼の休みに次のような、疫病に見入られた母娘のことを、話してくれたのだそうだ。

昔、この村で一五、六歳の娘がほうそうにかかった。この病気はうつりやすく、そのころは、かかると多くの人が死ぬ、最も怖れられた病気の一つだった。娘は、タラタラに小屋を建てて移し、寝かせておくことになった。

娘が山に向かう時も、みんなうつるのを恐れ、近寄ろうとしない。母親だけが「こんな山の中に、娘を一人で寝かせられん」とついて行った。娘は「自分はどうせ死ぬ。帰ってくれ。ほうそうがうつる」と母親を案じたが、「うつるものなら、もううつっている。そんなことより早く治せ」と聞き入れない。そのうち、看病のかいあって、娘は回復した。すると、今度は、母親の方がほうそうになり、倒れてしまった。付き添う娘に母親は、「年寄りだし、自分は治らない。お前は無理をせず、早く山を下りろ」と言う。娘は、母親のために、栄養があるというヤマノイモを、病み上がりの体で掘って食べさせ、世話を続けた。しかし、母親はやがて死んでしまった。人の死を知ったのか、その夜、オオカミが小屋の周囲に集まって来た。木の枝を結びつけただけの粗末な小屋の壁の隙間に、尖ったその口を突っ込んでくるのもいる。娘は泣きながら、焼け火箸をオオカミの鼻に押し付けては追い払い、夜を明かした。翌日、娘は一人で小屋のそばに穴を掘って母親を埋め、山を下りた。二、三日して小屋に戻ってみると、母親の遺体は、オオカミが掘り出して運び去っていた。

榊本さんの母親は、タラタラに行った時、何度もこの話をしてくれた。

この哀話も「オオカミがいたころ」には、人々の生活の、決して珍しくはない一コマだっただろう。

かつて狩猟は、山国の生活の一部だった。

大台ヶ原の南西ふもと、上北山村小橡《ことち》の辻内常治さん（明治四〇年＝一九〇七＝生）が、猟を始めたのは、昭和二六年（一九五一）だ。初めに狙ったのはシカである。

昭和四五年（一九七〇）ごろ、ほんの一瞬、姿を垣間見せただけで、行方をくらませた大ジカは山の英雄だった。五つ叉の角を持つ雄ジカだ。

その大ジカに遭ったのは、大台ヶ原につながる山の中だった。

辻内常治さん
「オオカミの話は父親から聞いた」吉野郡上北山村小橡。取材は1991年8月。

「足跡は、牛と同じくらいの大きさだった。人が指を三本広げたほどだ。シカの大きさは糞の大きさでわかる。普通のは、三つ叉の角があるのでも薬指の先ぐらいだが、そいつのは親指の先ぐらいあった。」

その大ジカのことは、地元の猟師たちもよく知っており、目撃した者の間で、「牛くらいだった」、「いや、馬のようだった」と話題になっていた。辻内さんは、追っている間に、二回ほどちらっと見ているが、「馬ぐらいあった。四の叉の角のシカの話は聞くが、五の叉は聞いたことがない。」

この時は、二日間追いかけ、結局逃げられた。何しろ、足が速い。辻内さんによると、シカは普通四、五キロも追うとたいてい谷川に入り、下へ向かう。川の石が踏み荒らされて白くなっているから、それと分かる。「爪を休めるためだ。爪が割れてくるから、冷やしている。そうなると水の中ばかり走る。」しかし、水の中は走りにくく、結局犬に追いつかれて命取りになる。狩人は、シカのこの習性を利用し、見つけると、谷川に追い込もうと狙う。

ところが、この大ジカは、いくら追われても、流れに入ろうとはしなかった。谷川を横切る所でも、底の石は動いていない。川を跳び越したらしい。犬は追いつくのだが、結局このシカは捕まらなかった。逃げ切った後は、大台ヶ原の元の場所に戻った。他の人が撃ったという話も、聞かなかった。辻内さんは、「わしも山の神かと思った」と話していた。

偉大な動物は、山の不思議を体現していた。そこで暮らす人々にも山には、なお踏み込めない世界があったのである。

野迫川村弓手原　手前はオオカミを見せた小学校。

❖見た人❖

初めに紹介する三人の話は、「鷲家口のオオカミ」前後の目撃談だ。いずれも少年時代の体験だが、その動物がニホンオオカミであることは、当時、猟師たちも認めていた。

吉野の一人は、野迫川《のせがわ》村弓手原《ゆみてはら》の更谷栄次郎さん（明治二六年＝一八九三＝生）。一九八八年の取材である。

「わしらが小学二、三年生の時分、隣りの中上佐治郎さんが山で鉄砲で撃ち、四本の足を寄せてくくって棒を通し、一人で家までかついで帰った。それを学校に持って行ったのを見せてもらった。

オオカミは、飼っている犬ぐらいの大きさで、あまり大きくはなかった。色は灰色だった。

そのオオカミを、それからどうしたのかは、わからない。売ったんじゃろな。オオカミを見たのは、それっきりない。オオカミも、生きているのは、わしら、知らんな。もう、オオカミはいない。オオカミは、こわい。恐ろしいな。人にも（かかって）来るしな。かまれて死んだ者もいる。かまれるということは、自分の子供時分には、無かったがな。」

井口晃さん
「オオカミは義父が射止めてきた」吉野郡天川村洞川。取材は 1990 年 10 月。

更谷栄次郎さん
「オオカミは学校で見せてもらった」吉野郡野迫川村弓手原。取材は 1988 年 9 月。

更谷さんが、学校でこのオオカミを見たのは、明治三八年（一九〇五）ごろになる。

吉野で出会ったもう一人のオオカミ目撃者は、天川村洞川の井口晃さん（明治二八年＝一八九五＝生）だった。オオカミを見たのは、明治四三年（一九一〇）ごろだ。「鷲家口のオオカミ」の後のことになる（取材は一九九〇年）。

「オオカミは、一五、六歳のころ、猟が好きだった（後の）家内の父が、射止めてきて、家の縁先にねかせ、『オオカミを獲ってきたから、見にこい』、と村中の人に見せてくれた。大峰山からさらに奥の方で獲った、と言っていた。四、五人で共同の猟だった。季節は、秋ごろと思う。

オオカミは、シェパード犬ぐらいの大きさだった。二人でないと担げないぐらいだ。この辺の大きな犬よりまだ一回り大きかったという印象がある。

胴体は細かったように思う。尾は長い。形も犬を大きくしたようだった。目は開いていたが、つりあがって鋭く、子供心にも、獰猛《どうもう》な感じがした。白い牙も見えた。口は、普通の犬より伸びていた。毛の色は、しば茶みたいな普通の茶色だった。茶色い犬と同じだ。全体が茶で、白い部分は無かった。

吉垣内和作さん
「オオカミは塩気が好きだ」和歌山県上富田町市ノ瀬。取材は1991年1月。

そのオオカミを、それからどうしたのか、知らない。青年時分にも、その始末が仲間の話題になったことがあるが、肉を食べたとは聞いていないし、分からなかった。

オオカミが獲れたのは、それ一回きりだ。この時、義父と一緒に猟に行った他の猟師が、『オオカミの姿を見たことは、これまで無かったが、大峰山の方で夜、遠吠えしている声は聞いたことがある』と話していた。自分は、聞いていない。

子供のころ、オオカミは、とても恐ろしいもの、遭ったら命が無いもの、と思っていた。親たちは、子供たちが、がやがやしていると、『オオカミが来るぞ』と脅した。子供たちは、一四、五歳くらいの時までは、本当にやって来る、と信じていた。自分も、山にはオオカミがいると思っていた。」

和歌山県西牟婁《にしむろ》郡上富田町《かみとんだちょう》市ノ瀬、吉垣内和作さん（明治二八年＝一八九五＝生）からは、生きているオオカミの行動についての話を聞くことができた。吉垣内さんは、果無《はてなし》山脈を北に望む同郡中辺路町《なかへちちょう》野中（現田辺市）の出身。三〇歳まで野中にいた。オオカミについての体験も、すべて野中でのことだ。取材は一九九一年。

「一〇―一三歳の時、女の人三人が、村のほんの近くの山に柴刈りに行くと、オオカミがいて、女の人は逃げて来たことがある。そのオオカミは、自分のうちにいた太郎という白い犬に、三本の足をくい折られ、動けなくなった。それで村の広場に連れて来てつないで見物人に見せ、しまいには父があいくちでのどを切り、とどめを刺した。太郎は、八貫目（三〇キロ）ぐらいだった。オオカミもそのくらいあった。日本犬の中ぐらいの大きさだ。オオカミは、飼っている犬より耳が小さい。尾は太い。足は、爪が立っていて、犬よりごつい。色は、ぬれたような灰色だった。足の先は白くない。」

時期は明治三八年か、その少し後だ。

吉垣内さんの父親は、一冬にイノシシ、シカを一三〇匹も獲る猟の名人だった、という。腰だめで銃を撃ち、「彼の鉄砲が鳴ったら、なべをかけろ」と言われていたそうだ。その父親に飼われていた太郎は、大型獣を狩るための猛犬だったのだろうが、それにしてもオオカミが弱過ぎるようだ。この場合とは逆に、オオカミが犬を殺した、食べた、という伝承や記録も多い。このオオカミは、ジステンパーなどの病気になっていたか、けがをしていた可能性もある。

吉垣内さんの話を続ける。

「人間は万物の長だから、オオカミも、人が見ている時といない時とでは態度が違う。七、八歳の時、ツエ（山津波の跡）で、オオカミと犬が、追いかけ合っているのを見た。ツエは山の斜面に出来ていた。村からは、丘を越え、歩いて三〇分くらいだった。父親と一緒に、山の下から見ていた。オオカミは、人が見ていると、（犬に追われて）山の中へターッと逃げる。（林に入って）人から見えないと、じきにまた犬を追いかけてツエに出てくる。二匹がツエを走って行ったり来たりしていた。」

この時、猟の名手だった吉垣内さんの父親は、オオカミを獲ろうとはしなかった。「（オオカミは獲っても）数にならない」のだ。

吉垣内さんには、オオカミが、人を怖れず、害意も示さなかった体験もある。

「父親とシカ猟に行くと、オオカミが出たことがある。八―一〇歳のころだ。村から一時間ほど歩いた所だった。ゴトビキ（ヒキガエル）の皮を張った笛を土にひっつけて吹くと、ビーと鳴る。シカの声に似ているので、他のシカが寄ってくる。自分はツバキの木に登っていた。父には、『シカが来ても言うな』と言われていたが、笛をシカと思って三匹のオオカミが来た。つい『来たで』と言ってしまった。オオカミがいては、シカが寄ってこない。父が『おまえら、早く行かんと撃つぞ』と言うと、オオカミは、ぽつぽつと元の道を帰ってしまった。」

吉垣内さんは、オオカミの子を飼おうとしたこともある。

「二四、五歳のころ、もう一人の男の人と村の近くに小屋を作り、炭を焼いた。そこから十町（一・一キロ）以上行った岩の間にオオカミが巣を作り、子を産んでいたので三匹取ってきた。その晩、オオカミが来て小屋の外で、『オオー』と吠えられた。恐ろしくて、眠れなかった。あくる朝、岩の穴に子を置いてとんで帰った。オオカミが鳴く声は、山に響いて恐ろしい。こわい声をするな、あいつは。オオカミは塩気が好きだ。野中の旅館でためていた小便をみな飲んだ。それで、みんな夜は、家を出て行かなかった。オオカミは、怖かった。」

❖根付け❖

吉野郡上北山村河合《かわい》出身で一九九八年現在は兵庫県姫路市に住む倉谷博夫さん（昭和九年＝一九三四＝生）は、父方の祖父が殺したオオカミの下あごの骨を持っていた。祖父が、そのオオカミを殺した時の話は、亡くなった父の姉から聴いた、と言っていた。

「祖父は、林業が正業だったが、副業で木炭を焼いていた。シイタケの栽培もしていたからそれを乾燥させるための木炭を焼くこともあった。

明治三七年（一九〇四）の秋、紅葉のころと言っていた。祖父が山から帰って、河合から四、五町下流の白川《しらかわ》のオソゴエに来た時、一匹のオオカミが襲ってきた。オソゴエは大谷とも言い、北山川が長さ百メートルもある長い淵を作っていた。これに沿って幅三尺（約九〇・九センチ）くらいの道が、曲がりながらついていた。オオカミがどこから来たのかは、分からないが、非常な勢いで、気が狂ったようだった、という。祖父は、身長が一・八―一・九メートルあり、頑丈な体をしていた。オオカミをねじ伏せたが、あまりにしつこくかみつくので、オソゴエの川に連れて行き、水死させた。オオカミは、毛が抜け、見苦しかった、という。その後、祖父は、オオカミは『大神』であり、家に祟りがあったらいかん、と考えて、シイタケ用の炭小屋に持って行き、焼いた。その時、下あごの骨を切り取った。ウルシを塗ってお守りにし、魔除けに持ち歩いていた。

他の骨は残っていない。骨は、リュウマチや神経痛の時、せんじて飲むと非常によく効いたという。

オソゴエは、里に近く、今はダム（池原貯水池）の下になっている。」

この事件は、岸田日出男『日本狼物語』にも出ている。

〔上北山村河合で聞いた話　—昭和十年五月一日—　後岡平兵氏（四十九才）

倉谷友吉が三十九才の時、河合の小字大谷（河合部落より四、五丁下流）で、夏の午后三時頃歩いておると、何物か後から出て来て足を咬んだ。驚いて振り返ると狼だったので、石を投げて逃げたが尚追って来るので道上の山へ登り、石や木の株等をなげて終に殺して持って帰ったのを見たことがあるが、犬より大きく、まだ動いておった。これは病狼だったのだろう。口が耳まで切れておるといふのは嘘で黒い條が牙の外側についてをるのである。〕

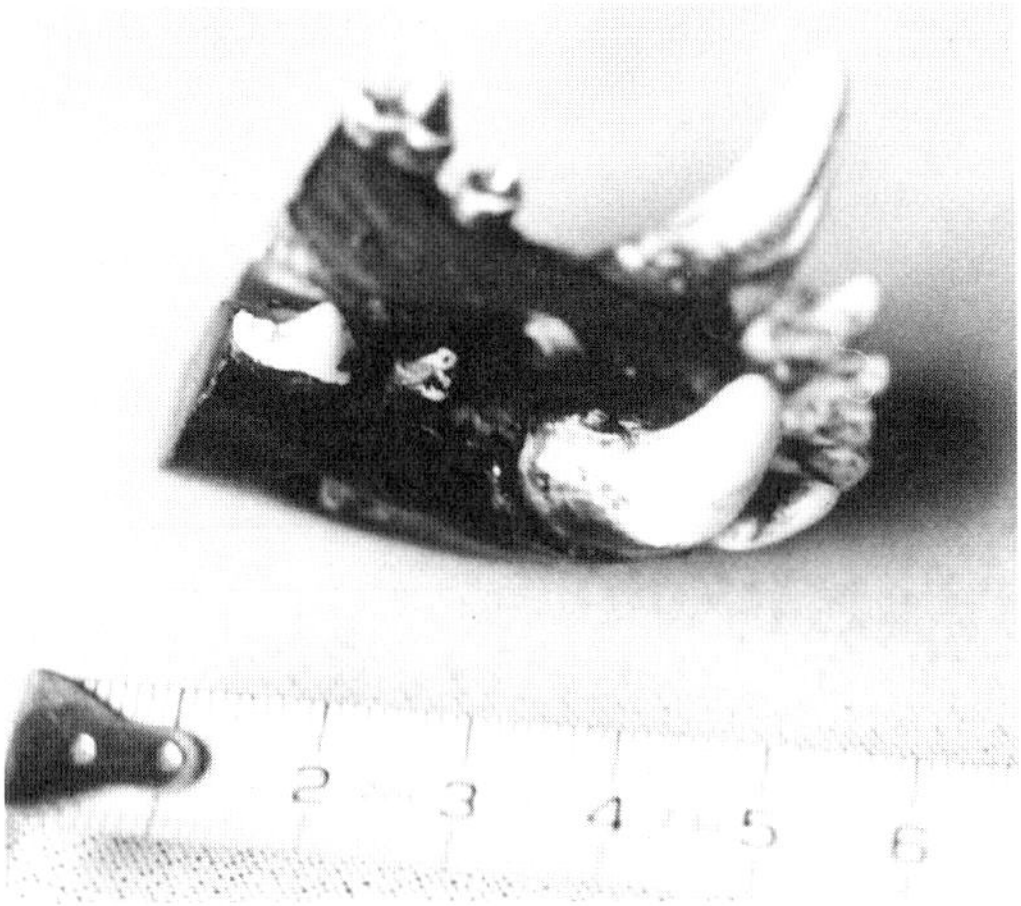

オオカミの下あごの根付け（倉谷博夫さん所有）

倉谷さんは、このオオカミの下あごの先の骨を大切に保存してきた。これは、犬歯とその後ろの二つの前臼歯を残して切断されている。長さは約四・五センチ。中央部に穴が開けてあり、根付けにしていたようだ。

犬歯は長さ約二センチ。犬に比べて鋭く、大きい、というのが、筆者が見た時の印象だった。同じように根付けに加工されたツキノワグマの下あごの歯は、オオカミのに比べると、先が丸くすり減っている。肉食獣と雑食獣との採食生活の違いを如実に物語っている。

声

オオカミの遠吠えは、他の群れに対する縄張り宣言であり、仲間に召集や狩りの開始を告げる時にもするが、その機能にはまだ分からない部分がある。人々がニホンオオカミの声として記憶していたのは、山野に響くこの遠吠えだった。

大淀《おおよど》町下渕、庄司俊士さん（明治三四年＝一九〇一＝生）が、次の体験をしたのは、明治四五年（一九一二）の七月下旬、兄弟三人で、大峯山・山上ヶ岳（一七一九メートル）に登っていた時だった。兄は一六歳、庄司さんが一二歳、弟は一〇歳だった。

それまで、父親から何回も送りオオカミの話を聞いていた。父親は「怖そうにしたらかみつかれる。堂々としていたらじきに離れる。もし、出合ったら両手を振って堂々と歩け」と言っていた。

山上ヶ岳に登った日、夜は天川村洞川の上にある洞辻《どろつじ》の宿坊に泊まった。高さ二〇メートルほどの崖の上に建てられた宿坊では、十数人が一緒だった。午後七時ごろ、簡単な食事を済ませ、薄暗がりの中で休んでいた時、宿坊から三六〇―四〇〇メートル離れている崖の下で犬の遠吠えのような声がした。「オーオー」という数頭の合唱は、一〇秒ほど続いた。一緒に泊まっていた年寄りの男の人が「あれはオオカミやど」と言った。庄司さんは「今でも覚えて

庄司俊士さん

「オオカミの遠吠えは長く引っぱって犬とは違う」大淀町下渕。取材は1991年6月。

いる。長く引っ張って犬とは違う」と話していた。庄司さんには、初めての体験だった。「なるほどなあ、やはりおるんか」と思ったが、宿の中にいたから怖くはなかった。（オオカミの声について言われているように）障子がビリビリ震えるようなこともなかった。

東吉野村杉谷《すぎたに》は、三重県境にそびえる高見山《たかみやま》（一二四九メートル）のふもとに位置する村だ。以下は加古川義一さん（明治四三年＝一九一〇＝生）から取材した話だ。

「ここの上でも、オオカミの遠吠えを聞いた、と聞いたことがある。家から三キロぐらい西の山の上にあるネコタイラという所だ。犬の遠吠えのようで、夜とか明け方によくないていた、と言っていた。話したのは、祖父だったと思う。」

ネコタイラは、伊勢街道下街道を見下ろす尾根の上だ。

「猟師は、オオカミを撃つのは嫌った。なぜかは、分からない。

昔はオオカミ落としのことも、よく聞いた。オオカミが捕って食い残したものだ。獲物はシカで、川に落として内蔵を食べている。自分も、シカが川に落ちているのを、見たことがある。一緒にいた年寄りが、『これはオオカミ落としや』と言っていた。イノシシが倒れていても、オオカミ落としとは、言わなかった。」

吉野以外にも、オオカミを殺すことを禁忌とした地はあった。

❖送りオオカミ❖

送りオオカミの行動は、吉野の人々にも不思議だったようで各地に話が残っている。

十津川村上野地《うえのじ》、岸尾富定さん（明治三九年＝一九〇六＝生）は、文久二年（一八六二）生まれの祖父から直接、次の話を聞いていた。明治一〇年（一八七七）ごろの出来事だ。

「祖父は昭和一九年に亡くなった。家は旭《あさひ》（十津川村）の迫《せ》の一番奥にあった。祖父が一六歳の時、父親の用事で（隣りの大塔村、現五條市）篠原に行った。山越しの道だ。子供だから、銃を背にしていた。イノシシやクマがたくさんいたから、身を守るためだったのだろう。

帰りは、篠原から舟ノ川に沿って下る尾根の道をたどった。

道は大分、峰の上になっていた。日は暮れていた。その辺からどうもオオカミにつけられていた。『どうもさびしい（心細い）』と思い、はっと後ろを見ると、どのくらいの間隔か分からんが、オオカミがついて来ている。暗闇の中に光る目が丸く、大きく見えた。近付かず、離れない。

途中で、後ろを見ると、やはりついて来る。同じ間隔だ。祖父は、『これは弱った』と思った。鉄砲は持っていても、撃つという気分にはならん。と言うよりオオカミが怖かった。銃を向けること、持っていることも忘れたのだろう。祖父は、『怖くて仕方なかった』と言っていた。

そのうち、家の近くの峠まで来ていた。峠の下にはおばが住んでいた。『ようやく帰って来た』と思い、ひょっと後ろを見ると、やはりオオカミが目を光らせている。自宅まで四百メートルぐらいの所だ。その安心から、『そうじゃ、鉄砲を持っている』と気づき、空に撃った。（その音に）おばが道の端に出てきて『定吉（祖父の名）、どうしたんや』と尋ねた。『わしゃ、オオオカミに送られたんや』と言うと、おばは『それは大丈夫や。送りオオカミは人に何もせん。あれは人を送ってくれるんや』と言ったそうだ。

銃を撃った後、オオカミは居なくなっていた。

旭の在所に近い尾根の上をオオカミが、ウォーウォーと言って通った、ともいう。遠吠えしながら通るから、オオカミが来たら分かった、と言っていた。その尾根を、『大亀尾《おおかめお》』と呼んで、地名になっている。」

十津川村長殿《ながとの》、小沢武夫さん（大正九年＝一九二〇＝生）の祖父は、明治四五年（一九一二）、四五歳で亡くなった。送りオオカミの話は、祖父から聞いた父親（明治二六年＝一八九三＝生）が話していたものだ。

「祖父は、旭の迫で山を買い、木を新宮に川流しして商売していた。ある日の夕方、一人で山から帰っていた。道は両側から木がかぶさり、トンネルを作っている。祖父はわらじばきだった。歩くと乾いた落ち葉をはね上げ、バチバチ音をたてた。そのうち、落ち葉でない音がするようになった。後ろを見ると、何かついて来る。持っていた提灯で、後ろを見てもよく見えない。そのうち、横を犬らしい、大きなものがすっと通った。前に出ると、犬より大きかった。『オオカミ』と直感した。怖かった、という。声も出せない。その後も、オオカミは、祖父の前後に回って歩いていた。

祖父は、生きた心地がしなかったようだ。（送りオオカミは）石につまづくと、くいつく、かかる、と聞いていた。つまづかないよう、倒れないよう必死で足元に注意していた。それだけを思いながら帰ってきた。オオカミは、長殿まで送ってきた。わらじを片方脱いで投げ、『ごくろうさん』と言うと、それをくわえて闇の中に消えていった。祖父は、真っ青になって家の中に飛び込んだ、という。旭から長殿までは、川筋の道で三時間ぐらいだ。祖父が、送りオオカミに遭ったのは、これ一回だけらしい。」

下市町《しもいち》杼邑《よむら》、辻本豊子さん（昭和二年＝一九二七＝生）が、昭和四五年に六九歳で亡くなった父親から聞いていた話には、送るようになったきっかけの説明がある。父親に、祖父がよく語っていたことだそうだ。

「オオカミが、けがをしていた。エサもないだろうと思い、（祖父が）食べ物をやった。その後、（夜）広橋《ひろはし》（地名・杼邑の南）に行くまでにある惣坂《そざか》を提灯を提げて歩いていると、何かが後をついてくる。振り返るとじっと止まる。歩くとまたトコトコついてきた。家の間近になって提灯をかざすと見えなかった。（祖父は）『オオカミだろう。犬ならここ（家）までついてくる。エサをやったから、オオカミが送った』と思った。おじいさんは、『何回行ってもついてきた。家の近くになってハッと気付くとおらんかった。送りオオカミのこと、あるんやな』と言っていたそうだ。」

送りオオカミの伝承は、説明しきれない、妙な人懐っこさを感じさせる。

❖大台通い❖

上北山村小橡、辻内常治さん（明治四〇年＝一九〇七＝生）は、「大台通いの一匹オオカミ」の話を、戦後しばらくして八一歳で亡くなった父親の清治郎さんから聞いた。それは、大台ヶ原とその周りの山との間を往来していたオオカミだそうで、清治郎さんが出合ったのは、大正一二、三年（一九二三、四）のことだった。

そのころ、清治郎さんは、大台ヶ原までの途中の山でシイタケを栽培していた。シイタケのほだ木の準備をしていた時だから、春先の出来事らしい。

「その時、親父は一人で山に泊まっていた。寝泊まり用の小屋から二間半（約四・五メートル）隔てて、シイタケを乾かすための炭を焼く窯があった。オオカミは、その窯に入って寝ていて、親父が小屋の戸をぱたーんと開けると、窯からのそーと出てきた。昼間のことだ。『どこの犬か。大きな犬や』と思ったが、そいつは親父の二尺（約六〇センチ）前をすました顔で通って行った。シェパードみたいだが、足は短かった。目尻は切れているように見え、口ひげが後ろにないでいた。毛の色は灰かす色。親父がふと考えて見ていると、オオカミも振り返って見たが、そのまま行った。すごい目つきだった。『オオカミじゃ。大台通いの一匹が残っているというのは、これかと思った』と話していた。わしかて実際にオオカミを見てはおらんが、親父は詳しかった。

大台通いがいなくなってからは、誰もオオカミを見たり、声を聞いたりしていない。」

辻内さんは、嵐の時に、オオカミが、山の高い所で、連れを呼んで啼《な》く、という話も聞いていた。辻内さんのすぐ上の兄も、大正一〇年（一九二一）ごろ、大時化《おおしけ》の山でオオカミの遠吠えを聞いている。その兄が一五、六歳のころの秋、シイタケ栽培のため、一人で山に泊まり込んだ時のことだ。辻内さんの話を続ける。

「少し時化てきたので兄は山に入った。シイタケのほだ木は大雨の後に叩くと菌糸が切れ、そこからシイタケが生えてくる。次の日にそれをするのが兄の仕事だった。夜、大時化になるとオオカミが『オーオー』とないていた。兄は『明日は親父が上がってくる』と思って寝ようとしたと、言っていた。翌日、親父が来たので『オオカミが啼いたで』と言うと、父は『オオカミかてただで（意味も無く）なくんでない。獲物を追っているとか、帰る時とか用がある時だ』と答えたそうだ。」

清治郎さんは、次のようなことも話していたという。

「シイタケとりに山に行くと、夜も鳴く小鳥はいるし、獣の声も聞こえるが、オオカミが来ると、一発で静かになる。晩、小屋で寝ていても、何かしらシーンとなるのでオオカミが近くに来たな、と分かる。」

辻内さんは、「昔の人」から聞いた、犬はいつも爪を出しているが、オオカミはいつもは引っ込め、岩場だけで出す、という話も覚えている。ただし、爪の出し入れができるイヌ科の動物はいない。

❖出合い❖

次は十津川村折立《おりたち》、玉置豊さん（大正二年＝一九一三＝生）から聞いた話だ。

「祖父は、嘉永六年（一八五三）に生まれ、昭和一四年、八七歳で亡くなった。若いころは、剣道の達人だったそうだ。家は材木商だったので、一五歳の年から玉置山《たまきやま》越えで新宮に出ていた。玉置山には茶屋があった。繁盛していたが、泊まるとオオカミが店の庭で吠えるので眠れなかったという。犬の遠吠えのような、オーオーという声だ。茶店の残飯を求めてきていたようだ。

新宮に行く日は、朝、暗いうちに家を出て、玉置山は午前中に越えていた。

ある日、祖父は玉置山を越えて新宮への道を下りていて、五匹のオオカミが道の真ん中で、牛の頭を食っているのに、たまたま出合ったことがある。今も残っている狭い山道だ。両側は、昼でも暗い杉林だった。道の下の方には、玉置川《たまいがわ》の村（十津川村）があり、牛の頭はそこから引き上げてきたらしい。祖父は『逃げようか』とも思案したが、オオカミはめったに人にはさわらん、と聞いていた。『ごちそうじゃのう』と言ってそばを通ったら、全然、かまってくれなんだそうだ。（祖父が）そう言ったことは、はっきり覚えている。ただ、恐ろしくてきん玉は縮み上がっていた、と言っていた。祖父の成人前のことだ。

玉置山には、オオカミが多かった。街道が通っていて人の出入りが多く、郵便局もあった。ごはんの残しもあったのだろう。

（祖父が）子供のころのことだ。急傾斜地にある一の鳥居の所で、上の方からシカのようなものが飛んできたことがあった。そばに来ると右手の山道に入っていった。大きなオオカミじゃった。」

死んで放置された家畜は、オオカミたちのよいごちそうだった。牧があった大山のふもと、鳥取県西伯郡大山町《だいせんちょう》妻木生まれの遠藤勝寿さん（大正一五年＝一九二六＝生）が子供のころ、父親が次のようなことを話していた。父親も、年寄りから聞いた話、という。

「昔は、仏教が禁じていたので、人は牛の肉を食べなかった。死んだ牛は、牛捨て場に捨てた。その牛を、オオカミがよく来て食べていた。オオカミは、いつごろにか、いなくなった。オオカミが人を襲う時は、頭の上を跳び越し、足についた砂で目をつぶす。」

下市町長谷《ながたに》の丹生川上神社下社近くに住む中井善作さん（明治三八年＝一九〇五＝生）は、三歳年長で、木挽《こび》きをしていた人から、オオカミ目撃談を聞いている。その人が、数え

中井善作さん
大正7、8年ころ、木こりから目撃談を聞いた。吉野郡下市町長谷。取材は1991年6月。

で一七、八歳の時だから、大正七、八年（一九一八、九）ごろになる。

「北山（吉野郡）に父親と仕事に行った時、夕方、山小屋へ帰る途中で出合ったと言っていた。オオカミは山道にじっと立ち止まっており、怖かったが、そばを通り抜けた。オオカミからは、何も仕掛けなかった。灰かす色で、犬よりちょっと大きいくらいだった。」

❖昭和の出合い❖

ここでは、昭和（一九二六―八八）になってからの遭遇談などをまとめた。場所はいずれも、紀伊半島の山地だ。和歌山県有田郡有田川町《ありだがわ》二川《ふたかわ》、前嶋高蔵さん（大正七年＝一九一八＝生）は「我々が子供のころも、オオカミはいた」とこともなげに言った。

前嶋高蔵さん
「オオカミは2、3匹いた」和歌山県有田郡有田川町二川。取材は1991年7月。

「オオカミに出合ったのは、昭和の五、六年（一九三〇、三一）、小学五年生ぐらいの時だ。ズガニ（モクズガニ）を獲る、稲を刈る時分だった。このころ、カニが川を下る。夜、たいまつをつけて捜すと、袋いっぱい獲れた。

カニ獲りは、夜、暗くなってからだった。その日は、一二、三歳年長の人に連れられて行った。たいまつは棒の先にドンゴロスを巻き、石油をしみ込ませたものだ。場所は、山の棚田の間にある谷川だった。夜になると、田の石積みからカニが出てくる。田の上の方には、高野往来があり、下の方には県道が通っている。県道の下に有田川の本流が流れていた。カニを獲ったのは、有田川から百メートルほど上がった所だ。周囲は杉山だった。

谷川に沿って、元は三メートル幅の牛車や馬車が通る道がついていた。

その夜、高野往来の下の方で、カニを拾っていた。一四、五枚ずつ拾った時、上の杉山でウォーウォーと、鳴くというか、唸《うな》る声がした。『オオカミや』と思った。

声はだんだん大きくなる（近付いて来た）。谷川は、場所により差があるが、背丈よりは深く、幅は四メートルもあった。オオカミがその上を飛び越えるバサバサという音がした。オオカミは、二、三匹いた。吠え声で、そう思った。オオカミは、火を怖れるというが、この時は、火を目指して近寄ってきたようだ。唸り始めて、一〇―一五メートルまで近付くまで五分くらいだったろう。

二人は一目散に下の方へと、県道まで逃げた。どのように、逃げたのかは、わからない。」

十津川村小坪瀬《こつぼせ》、田中功さん（明治三九年＝一九〇六＝生）は、一八歳ごろから、猟の名人だった父親について歩いていた。

「昭和一〇年（一九三五）ごろ、神納川《かんのがわ》の奥の鉾尖岳《ほこさきだけ》（一二一九メートル）で、オオカミの足跡を見た。一月のことだ。三〇センチくらい雪が積もっていた。オオカミは、尾根筋を歩いていた。前の足跡を後足が踏んでいる。歩き方はほとんど犬と変わらない。足跡は直径一〇センチくらいあった。連れていた犬は四〇キロあったが、オオカミの足跡は、それよりずっと大きかった。イノシシなら大きくてもとる犬が、しっぽを巻いて股にはさみ、人の後をついてきた。

祖父も猟師だった。祖父は、『オオカミには猟犬が全然（向かって）行かん。クマには行くこともあるが』と言っていた。

今（取材は一九八八年）、六三歳の長男が小学一年のころ（昭和八年＝一九三三＝ごろになる）、病気になり、治療していた（和歌山県田辺《たなべ》市）龍神村の医者から『田辺に連れて行こう』という電報が届いた。それで夜、龍神《りゅうじん》村まで県境の峠を越えて行ったことがある。傘と小さな提灯を持ち、雨の中を一人でしょぼしょぼと歩いた。その時、道の二〇メートル下で、バサバサという音が、ずーっとしていた。山の尾根を横切る時だけは、それがしなくなる。音は二、三キ口の間もついて来た。送りオオカミのことは、ひいじいさんから聞いていたからすぐ『ああ、オオカミや』と思った。さびしくなくて、心強かった。『ごくろうじゃ、送ってくれとるのか』と思った。（音は）人家の近くまでは来なかった。ひいじいさんは、『オオカミは、無茶に人をとって食うもんじゃない』と言っていた。

自分は、以前、オオカミの牙の根付けを持っていた。一匹のオオカミの一対の牙だった。父にもらい、そのまま持っていた。（オオカミは）じいさんが獲ったらしい。じいさんは、オオカミも大分獲った。オオカミは、この辺にいつもいたようだ。晩になると、いつもオオカミ鳴きしていた、と言っていた。おじいさんが、一回（オオカミを）獲ってきて、吊っておくと、とも（友、共）オオカミが来てワーワー鳴き、一晩中眠れなかった。」

十津川村内野《うちの》、中南政隆さん（大正五年＝一九一六＝生）から聞いた話を紹介する。

「若い時には、オオカミは、まだいると聞いていた。

一七、八歳の時、冬の雪が降るころ、オオカミの鳴き声を聞いた。神納川の三浦峠横の八丁で鳴いた。その下で、材木仕事をしていた時だ。二、三回、ウォーウォーと、地揺るぎするような感じだった。『おかしい』と思い、隣りにいた親父に、『今のは何？』と聞くと、わしが恐ろしがると思ったらしい、『犬じゃろうよ』と言った。自分は、犬じゃないと思った。それから、オオカミはいなくなった。」

十津川村小井《こい》、天野武春さん（明治四五年＝一九一二＝生）からは、自分が送られた体験を聞いた。

「昭和一一年（一九三六）の三月か四月、郵便局に電報配達として頼まれ、勤め始めた。（十津川村）小森にあった局に泊まり込み、電報が来たら昼でも夜でも歩いて配達する。昼は、どんな（山の中の）所でも一人で動じなかったが、戦争から帰ってからは、夜は山道を歩くのが、さみしくなった。さみしい、というのは、怖いのと心細いのが一緒になったような気持ちだ。晩になったら（電報の仕事があっても）動けない。それで、子を背負っていた家内を連れていった。局長は『女の足でえらかろう』と、他の事務員と交代で行くように言ってくれたが、それは気の毒だった。犬を拾って連れて歩いたこともあるが、いろんな臭いにつられていなくなるのでやめた。

天野武春さん
「尾は大きく、犬より太かった」吉野郡十津川村小井。取材は 1991 年 11 月。

オオカミに出合ったのは、一一年のもう夜でも寒くはないころだ。子供に上着を着せていなかった。

その夜、大野の森（地名）の家への電報が来た。（十津川沿いの）小原滝から、小川（芦《あし》廻《の》瀬《せ》川《がわ》）沿いの道を登り、下りた所に犬がいた。『犬がいるわ』と家内に言うと、『いい連れになる』と言った。犬に『来い来い』と言ったが、振り向こうともせず、向こう（前方）にスッスッと同じ調子で行く。いくら呼んでも後ろを見ない。『妙な犬じゃな』と思ったが、オオカミとは思いもしなかった。（出合った場所から）森まで、三キロぐらいだった。その間、二〇—三〇メートルから四〇メートル前を、同じ距離を保っていた。山角を回る所は（こちらが）ちらっと見えるまで待ってくれた。しかし、こちらは見ない。音か勘かで（こちらとの距離を測り）スーッスーッと行った。

森（の集落）まで五〇、六〇メートルの所で、犬は消えていた。どのようにいなくなったのか、気付かなかった。『犬がおらんようになった。森のどこかの家で飼っていたのか』と二人で話した。

目的の家に電報を渡し、（いなくなった）同じ場所に来ると、いつ、どこから出たのかわからんが、白たびをはいた同じ犬がいる。また、ずーっと三〇メートルか四〇メートル前を歩いて（初めに出合った）滝を下りた所で、わからないうちにいなくなった。『また犬がおらんようになった』と二人で話しながら帰った。小森の住宅に着いたのは午前二時過ぎだった。犬に出合ったのは午前零時過ぎだっただろう。

翌日の朝、局に上がり、事務員に『夕べ、犬がおれらを連れていき、連れて帰ってくれた。どこの犬かわからん』と話していると、局長夫人が出て来て、『どんな犬』と聞く。『はっきりとはわからん。懐中電灯で照らしたが、灰かすのような色だった。黒ではない。足のすねから下は真っ白だった』と言ったが、その時は、オオカミのことは、頭になかった。夫人は『それは送りオオカミですよ。よかったの、天野さん。その間（配達中）に何かおったので、それが危ないと守ってくれた。局を始めてからこれまで、オオカミが配達夫を送り迎えしてくれたことが、二、三回あった。那知合《なちあい》（十津川村）線（旧街道名）でもあった』と言う。局長も『それはよかった、よかった。送りオオカミに間違いない。オオカミがお守りしてくれなんだら、魔物にいかれて（害を加えられて）おったかもしれん。よかったの』と言っていた。

局長と夫人は、共に六〇歳くらいだった。話に出た那知合までの道は、山の尾根の上ばかりだ。オオカミは紀州犬くらいの大きさだった。尾は大きく、犬より太かった。耳は立っていた。犬よりスマートだ。今から考えると、ちょっと格好のいい犬という感じだ。尾を少し下げてスッスッと歩いた。後ろは一回も見なかった。（このあたりでは）昔から、オオカミは、白たびだと聞いていた。今でも『白たびはきは猟犬にするものではない』と言う。その理由は知らないが。」

天野さんが、オオカミに出合ったのは、この時一回だけだったそうだ。

天野さんは、猟をしていた従兄弟から、次のような話も聞いていた。

「従兄弟は、鉄砲猟師だった。わしより二、三歳上だ。二二、三歳の時、やはり昭和一〇年ごろのことだ。日が暮れ、帰れなくなった。岩屋で火を焚いて肉を焼き、飯を炊いていると、犬が三匹ともフンフンと言いながら尾を巻き、主人の所に来てひっついてしまった。従兄弟は『こいつはオオカミやな』と思い、鉄砲に弾を込めて構えていたが、何も来なかった。柴を踏む音がしたといい、その音からすると、オオカミは二、三匹はいたようだ。従兄弟は『（相手が）犬じゃったら、猟犬が人にひっついてくることはない。三匹もいると、猟犬だからはしかい』と言っていた。怖いもの無しの人だったが、『わしもこの時ほど気持ち悪かったことは無かった』と話していた。」

和歌山県有田郡有田川町清水、芝田亀一郎さん（明治三九年＝一九〇六＝生）から聞いた話は、昭和四〇年（一九六五）

ごろのことだから、おそらく最も新しい遭遇話の一つだろう。

「材木業をしていて、よく山に行っていた。木曽に山（の木）を見に行っての帰りだった。午後九時半か、一〇時ごろ、高野山のふもとの九度山《くどやま》町で一杯飲んでからトラックに乗った。自分は、助手席に座っていた。

午前一時ごろ、（伊都《いと》郡）高野《こうや》町の湯川の辻に着いた。周囲に人家はない山の中だ。左カーブを曲がると、車のライトの中を、動物の群れが横切った。一二、三頭いたろう。一五、六頭だったかもしれない。群れは、車がぱっと（道を）曲がって行ったものだからびっくりし、（道路をはさんで）二つに分かれた。先に五、六頭が右手の谷側から左の山側へと道を渡り、後から七、八頭が渡った。初めはイノシシかと思ってびっくりした。

道は、山の斜面を削ってつけてあり、未舗装だった。動物の群れは、ライトに驚いて、四、五頭が（道の左側の）崖（法面《のりめん》）の上に跳び上がった。崖は高さが三メートルぐらいだった。車を停めて見ていると、（先に上がった）先頭の大きな二頭が、崖の上から見下ろしていた。（動物の）体はシェパードより大きかったが、大きな差は無い。毛の色は、白がかったシェパードのようだった。背側は、シェパードと同じで、腹側は少し白っぽかった。色はどの動物も同じだ。しっぽは太く、垂れていた。足は細かった。顔もシェパードのようだった。口は大きい。目は三角で恐ろしかった。狂犬みたいだと思った。それだけはシェパードと違っていた。あれだけ怖い目を見たのは初めてだ。よう忘れん。自分は『山犬だ』と直感した。

道には、子が二頭、崖をよう登らないで残っていた。中ぐらいの犬くらいの大きさだ。苦労していたが、二〇分ぐらいかかって登り切った。子の後から（待っていた）大きいのが七、八頭、子と同じ場所をパッと上がった。崖は上から草がかぶさっていたが、ピューと跳び越えた。あんな身軽いこと、犬にはできない。そりゃ、身軽いもんじゃ。普通の犬じゃ、あの芸当はできない。オオカミだと自信を持って言う。写真を撮らなかったのが、残念だ。

運転手は、自分より二〇歳くらい若い仕事仲間だった。彼は、酒は飲んでいない。（動物は）イノシシと思っていたらしい。ブルブルと震えていた。『大丈夫。明かりの方には来ない』と言ってやり、煙草を二、三本吸うと震えも止まった。

（湯川の辻の）下の花園村（現かつらぎ町花園）梁瀬まできて運転手に、『さっきのは、イノシシではない』と言うと、『イノシシでないならなんや』と問い返す。（そこで初めて）『あれは山犬や』と答えた。

（オオカミを）見たのは、初めてだったが、犬とは違う（芝田さんは獣医学部出身）。

一週間ほどして、地元のイノシシ狩りをする猟師に、『オオカミがいるんか』と聞くと、『オオカミは知らんが、犬がシシなら行くのに、尾をはさんで人の股にからみつくことがある。山犬がいるのではないか』と言っていた。

もう最近は（取材は一九九一年）オオカミに出合ったということも聞かん。

子供のころ、（有田川町）楠本《くすもと》に牧場があり、一晩に牛四頭が殺されたことがある。『オオカミや』と言われていた。（自分は）この時、初めてオオカミのことを聞いた。牛が（オオカミに）やられるから、家の中で飼っていた。」

❖絶滅の謎❖

確認されているニホンオオカミは、明治三八年（一九〇五）一月、奈良県・鷲家口（吉野郡東吉野村小川）でアンダーソンが買い入れた若い雄が最後だ。

その時、雇われて通訳をしていたのは、後に故郷の長野県・諏訪市長になった第一高等学校学生、金井清だった。後に、彼が書いたり、語っているところによると、このオオカミは、三人の猟師が持ち込んだもので、死後数日たっていた。

奈良県橿原市地黄町、前防道徳さん（昭和一二年＝一九三七＝生）は、鷲家口で生まれ、中学まで過ごした。小、中学生の時、本家のおじいさんから、次のような捕らえられたオオカミの話を聞いている。

「オオカミを捕獲し、数日間、檻《おり》に入れて飼っていた。夜になると（連れの）オオカミが来る、と言っていた。こ

現在の「鷲家口」（吉野郡東吉野村小川）

ニホンオオカミ〝絶滅の地〟

東吉野村が鷲家口に建てたニホンオオカミの像

のオオカミは、生きたまま檻《おり》に入れて、筏《いかだ》で五條まで運んだ。」

生きていたのだから「鷲家口のオオカミ」とは別の個体であろう。

ニホンオオカミが、近代・明治に入って姿を消した原因としては、開発、狩猟など人間による圧迫、生息地の分断のほか、狂犬病、ジステンパーなど病気の流行、エサのシカの減少などが考えられているが、断定的なものは無い。

結局、それらの要素が複合的に作用し、絶滅へと追いやられたのだろう。

江戸時代後期以降の文献でも、オオカミは多い、と書いたものもあれば、珍しがっている資料もある。

一八二〇年から九年間ほど、長崎・出島のオランダ商館に勤めたファン・O・フィッセルは『日本風俗備考』（一八三三）に「日本における野生動物としては、熊、野生の鹿、羚羊《かもしか》、狐、狼および山犬がある。最後の狐、狼、山犬は、きわめて数も多く、農民に対して多くの損失と不安とを与えている」と書いた（庄司三男、沼田次郎訳注、平凡社）。

彼は「狼・山犬」と「野良犬」とは、区別している。

一方、江戸時代後期、都市部では、オオカミが既に珍しく、その子は見世物になるほどだったことが、根岸鎮衛の『耳嚢』には江戸、松浦静山『甲子夜話』には松江の話として出ている。

奈良・春日山のふもとにある春日大社には、文久元年（一八六一）四月、神鹿を襲ったため、射殺されたオオカミを描いた「狼寫生之圖」が保存されている。絵の説明文には、「文久元年四月二十五日暁子《ね》の刻《こく》ごろ、鹿道より少し西手大道にて猟師久八、久吉両人ねらいおり候処、同刻二匹参り候故、久八雄狼一獣打止」めた、これがその図、とある。

「暁子の刻」だから午前一時前のことだろう。

『奈良市史　自然編』（奈良市）の「武野紀重保　文久元年（一八六一）三月八日の記載」によると、この時、複数のオオカミが出没した。次の文は日付からも絵のオオカミについての説明だ。

▽「四月廿八日　雨降り

『初学動物篇』の「やまいぬ」の絵

一、奈良町春日阿良池大鳥居所々エ夜々狼出候而神鹿ヲ食阿らし候ニ付三月六日頃より本猟師十六七人宛夜中不寝番致し居」り、四月「廿四日夜春日鹿道之辻ニ而大の狼ヲ打取リ候」、寺務職の大乗院が上京中だったので長持に入れ二十五日夜、京都へ持って行き、京より二十七日に戻り、一乗院、奉行所へ持って行き、二十八日早朝より猿沢池の巽の角道の東方で六畳敷四方に竹やらいを結い、針金で吊り下げてむしろの上に立っている姿にして人々に見せた。△

オオカミ自体が珍しかったことは、大乗院門跡に見せるため、滞在中の京都まで死骸を運び、その後、奈良の街中に小屋を設け人々に見物させていることからも分かる。

明治一七年（一八八四）、子供たちに「動物利用ノ道ヲ知ラシメ」るために出版された教科書『初学動物篇』（伊藤圭介校閲、松本駒次郎編纂）には、「やまいぬ　豺」の項がある。

〔形狗ニ似テ稍々大ナリ。眼ノ光頗ル鋭シ。嗅官モ亦極メテ敏ナリ。毛ハ淡黄褐色ニ黒色ヲ雑ヘリ。性残忍ニシテ怯懦ナリ。常ニ深山ニ棲ム。小獣ヲ捕リ食フ。死獣アレハ遠キニ在テ能ク之ヲ嗅キ知リ忽チ来リ集マル。人或ハ其他ノ己レヨリ強キモノニ當ルニハ群ヲ為シテ向フヲ常トス。諸国ノ山中ニテ往々旅人ヲ苦ムル事アリ。山村ニテハ屢々家畜ヲ害セラル。〕

「小獣ヲ捕リ」、死獣に集まるという生態は、シカを中心とする大型獣を狩る、というこれまで紹介してきたニホンオオカミの行動とは重ならない部分がある。オオカミが本来の獲物を獲れなくなり、追いつめられた姿のようにもみえる。

「やまいぬ」と呼んでいる点からも、これは西洋からの輸入知識の紹介ではなく、ニホンオオカミの生態を描いたものだろう。同書は「いぬ」も取り上げているが「おおかみ」の項は無い。しかし、当時でも「おおかみ」の名はよく知られていたのに、わざわざ「やまいぬ」とし豺の字を当てているところをみると、ノイヌの影が混入しているのではないか、という疑いは残る。

ニホンオオカミの減少、絶滅には、彼等の主食であったシカの数が減ったことが、大きな要素だったのではないか。近世、江戸時代には、わが国の山野には、今では想像もできないほど多くのシカがいたらしい。『徳川実紀』には、一八世紀前半の享保年間、八代将軍吉宗が、江戸近郊の狩りで、一日に八〇〇頭とか四七〇頭のシカを捕獲した記録がある。それぞれイノシシの二〇〇倍、四〇倍だ。その百年後、一九世紀前半の松浦静山『甲子夜話』には、越前では、シカ狩りの成否が、穀物の収量を決めるという話が出ている。

吉野でも、一九世紀の古文書の中で、シカはイノシシと並ぶ害獣だった。ところが、それから半世紀後の大正四、五年（一九一五、六）、奈良県教育会が編集した『奈良縣風俗誌』で、県内の各市町村ごとにあげてある有害鳥獣に、シカが入っているのは、春日大社の神鹿がいて特別あつかいすべき奈良市以外には、吉野郡川上村、竜門岳《りゅうもんだけ》のふもとの宇陀《うだ》郡神戸《かんべ》村（現大宇陀町）ぐらいになっている。多くの市町村で、なお手を焼いているイノシシとは、対照的だ。シカが減った原因は、隠れ場になる木立ちと開けた採食場の双方を必要とするその生態を見ても、単純なものではなかっただろう。逆に近年は各地で増え、植林、農作物の害が問題になっているほどだが、増加の原因ははっきりとは分かっていない。

❖形　態❖

ニホンオオカミは、資料が乏しく、その形態にも、なお不明な点が多い。

剥製は、国内に和歌山大、東京大、国立科学博物館に各一体残っているだけである。海外では、オランダ・ライデンの国立自然史博物館に剥製が、大英博物館に毛皮が各一体ある。前者は、江戸時代後期に来日した独人医師、シーボルトの採集とされているもの、後者は「鷲家口のオオカミ」だ。

分類上、重要な頭骨は、魔除けなどに保存されていたものもあり、もっと多い。

ライデンの博物館にあるニホンオオカミの標本を調べた当時の館長、テミンクは、小型で四肢が短い点を特徴にあげ、これをヨーロッパ産などとは違う独立種とした。その後、今もユーラシア大陸などにいるオオカミの亜種とする考えが一般的になったが、現在では、頭骨の形から、大陸産とは別の種にする説が有力になっている。

ニホンオオカミの大きさは、江戸時代に殺されたものを計測した複数の記録が残っている。

朝日定右衛門『鸚鵡籠中記《おうむろうちゅうき》』から、長さなどを引用する。

次は、宝永六年（一七〇九）四月射殺された個体のものだ。

〔狼の寸法

一、惣長四尺四寸五分（筆者注・曲尺計測として一三四・八センチ）但し鼻より尾の先まで
　内（筆者注・うち）面長さ七寸（二一・二センチ）、尾長さ一尺五寸（四五・五センチ）
一、惣高弐尺弐寸（六六・七センチ）但し足先まで
一、口広九寸五分（二八・八センチ）
一、四足共に爪際に水かきあり
一、胴廻り弐尺五寸（七五・八センチ）
一、牙上下共に壱寸（三センチ）ずつ
一、眼一寸ずつ
一、耳長さ弐寸（六・一センチ）余、両耳の間四寸（一二・一センチ）

一、毛色黒赤
右狼恰好《かっこう》常の犬より胴間少し長く骨ぐみ丈夫〕

宝永七年（一七一〇）八月に射殺されたオオカミは、これより大柄だった。

〔惣長五尺（一五一・五センチ）余　内面長九寸（二七・三センチ）　尾長一尺二寸（三六・四センチ）　全高二尺二寸（六六・七センチ）　胸廻り弐尺三寸（六九・七センチ）　口広九寸（二七・三センチ）　耳長二寸八分（八・五センチ）　両耳の間四寸（一二・一センチ）　眼九分（二・七センチ）　牙上六分（一・八センチ）下五分（一・五センチ）　足のうら三寸五分（一〇・六センチ）　爪長し　黒灰毛〕

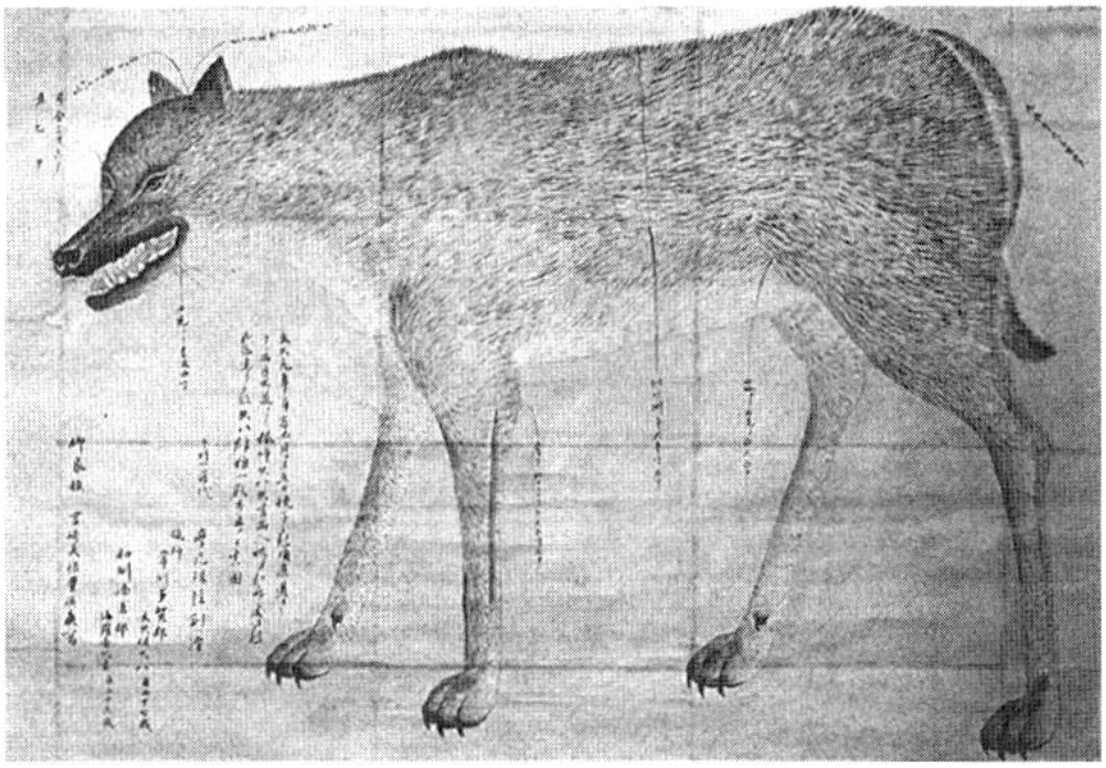
文久元年に神鹿を襲って殺されたオオカミ（春日大社所蔵）

文久元年（一八六一）四月、奈良・春日大社の神鹿を襲ったため殺されたオオカミの絵は、爪は黒く、右後足の内側の少し高い位置に親指の爪（狼爪）が描いてある。目はつり上がっており、虹彩は茶色。毛の色は灰色がかった薄茶色。のどや胴の下側は、白っぽい。

絵には、各部分の大きさも記入してある。牙九分（二・七センチ）、前足のひじ辺から爪先までが一尺二寸七分（三八・五センチ）、後足の付け根辺から爪先まで二尺二寸（六六・七センチ）、「胴片側」が一尺一寸五分（三四・八センチ）、耳から「尾際」まで二尺九寸五分（八九・四センチ）、耳から鼻先まで八寸（二四・二センチ）、「口先」より口元まで、つまり吻長が四寸（一二・一センチ）、「耳合」（筆者注・間？）三寸六分（一〇・九センチ）、尾長一尺三寸五分（四〇・九センチ）。

平岩米吉氏は、この二資料を含む「文書及び絵画により日本狼の大きさを探求した結果を一口で言えば、日本犬の中型の雄、あるいは、雌のシェパード犬の大きさに、きわめてよく似ているということである」と結論している（『狼』）。

大淀町北六田、岸田文男さん方には、父の日出男さん（昭和三四年＝一九五九、六九歳で死去）が入手したオオカミの頭骨がある。

この骨は、平成二年（一九九〇）、京都大理学部動物学教室、田隅本生助教授（当時）が、ニホンオオカミの頭骨と鑑定した。

日出男さんは「明治年間に、上北山村天ヶ瀬《あませ》の民家の小便を飲みにきた病いオオカミを撲殺した。頭蓋骨だけ残していたのを、戦前に譲り受けた」と話していた、という。

骨には下あごは無く、歯も犬歯等多くを欠いている。

鑑定によると、骨は長さ二一・四センチ、幅一一・八センチ。大陸のオオカミや北海道にいたエゾオオカミに比べると、小さいが、ニホンオオカミとしては、普通の大きさという。

田隅氏は、犬とは異なるオオカミの特徴として、①前額部の段差がほとんど無い（犬ははっきりしている）②前頭洞の空洞が少ないようだ③鼻筋が比較的長く伸びている（犬は先がしゃくれている）④後頭部中央部の板状突起が後ろに発達（犬は小さい）⑤口蓋後縁部がへこんでいる（この点は犬のほか、大陸に残る他のオオカミとも異なる）⑥側下部神経孔が四個ある（犬と他のオオカミではたいてい三個）⑦残っていた歯が相対的に大型、などの点を指摘した。

⑤⑥は、ニホンオオカミが、オオカミとしても、特殊なものだったことを示している。

ニホンオオカミは、分類上の位置付けも、なお確定的ではない。

和歌山大学教育学部所蔵のオオカミの頭骨は、これよりやや大きく、頭蓋最大長は二一九・二ミリ、頬骨幅一二三・四ミリだ。このオオカミは、「奈良県十津川地方で明治36か37年に捕獲されたものらしいということ以外詳しい来歴は明らかでない」（宮本典子、牧岩男「ニホンオオカミ剝製標本の改作と新しくとり出された頭骨について」一九八二）。

その論文の一部を紹介する。

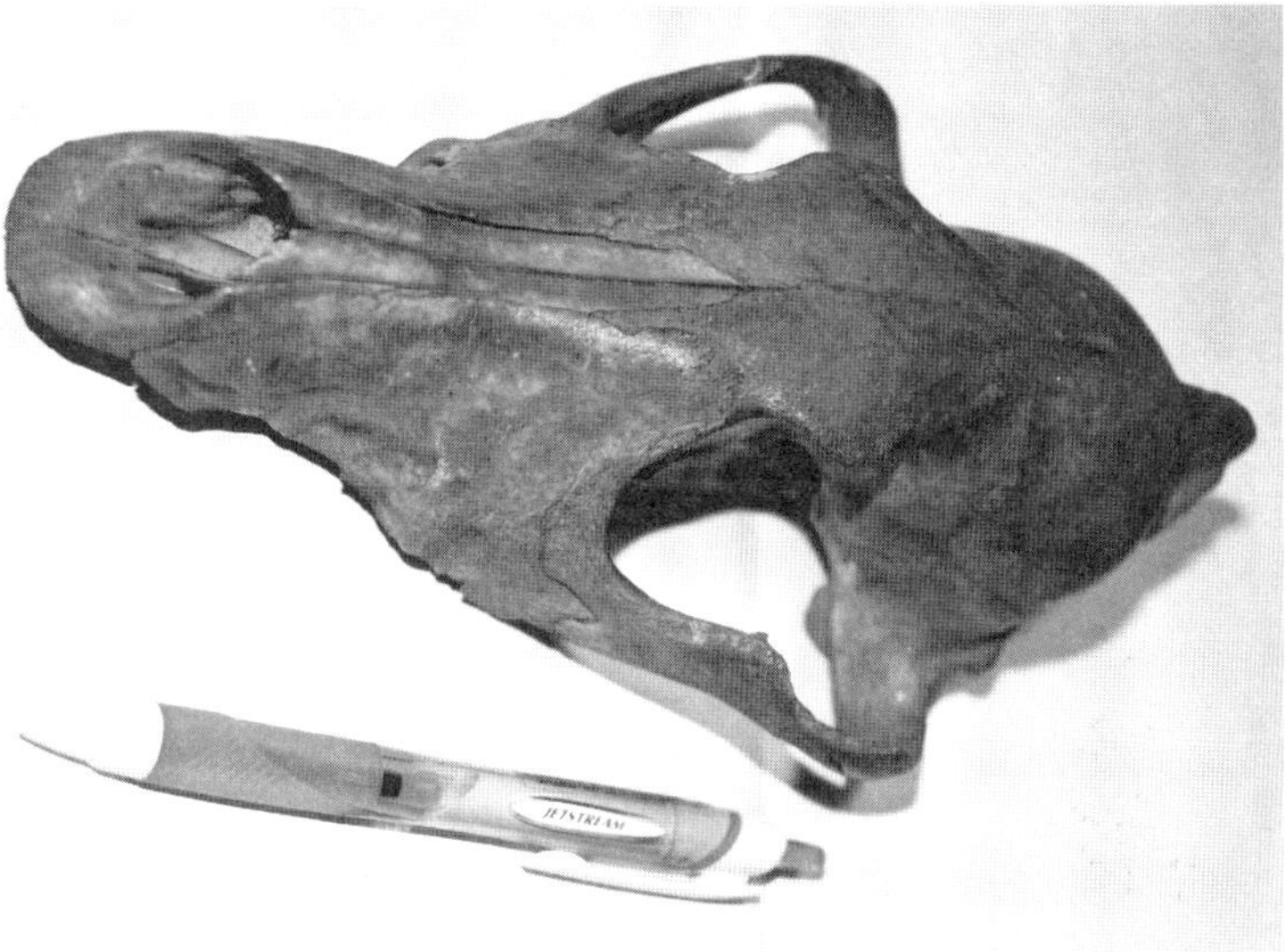

斜め前から見たニホンオオカミの頭骨
明治年間に上北山村天ヶ瀬で捕獲されたと言い伝えられているニホンオオカミの頭骨。（岸田文男さん所蔵）

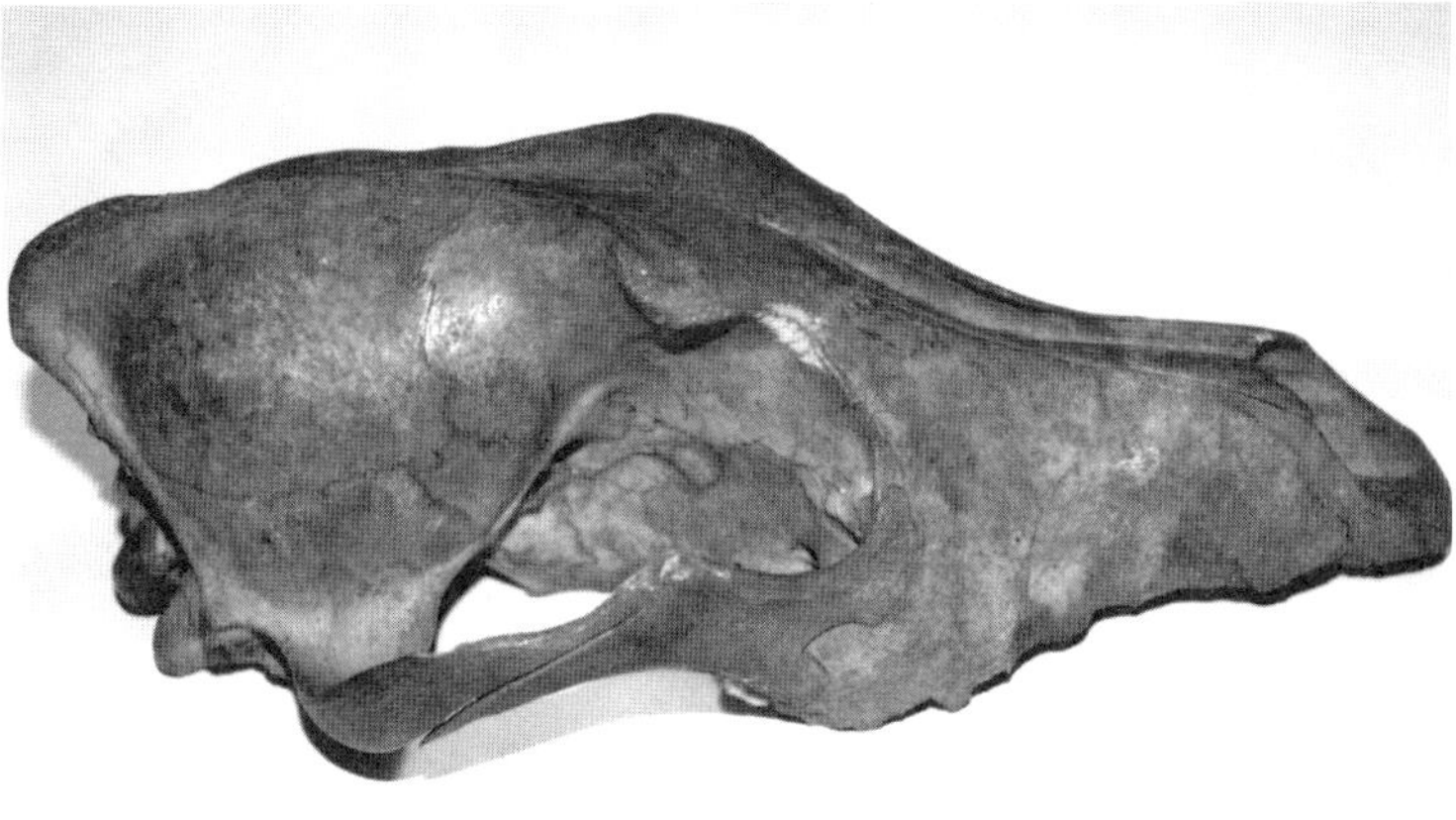

横から見たニホンオオカミの頭骨（岸田文男さん所蔵）

この剝製は一九五〇、四九年当時には、乳頭があり、そのことから雌とした報告があった。
剝製のおよその大きさ（単位㎜）
体長（頭胴長）一〇〇五　▽体高（頭頂から）七二八　▽肩高（うなじ部の背方から）六二一　▽体幅（前胴部）
二四七　▽尾長二二四　▽耳介左七一　▽同右六八
尾は先端が欠け、耳介は収縮している。

剝製の体色は「全身ねずみ色がかった白黄褐色の毛に黒紫色の棘毛がある。下毛は白黄褐色である。背面、上腕の外側面の前寄り、および尾の部分には黒い棘毛が多く鮮やかである。口の両側にも黒い毛が生えて」いる。

「頭骨は、ほぼ完全な形でとり出された。」

頭骨の計測値（単位㎜）

頭　蓋

最大長二一九・二　▽基底長一九五・一　▽基底最大長（後頭顆を含む）二〇五・二　▽頬骨幅一一三・四
▽乳様突起間幅七二・〇　▽前頭骨後眼窩間最小幅三九・四　▽両眼窩間最小幅四二・一　▽吻幅四〇・三
▽口蓋長一〇八・九　▽上顎歯槽縁最大幅七二・二　▽頭蓋後部高七三・一

下顎骨

下顎骨全長一六〇・六　▽下顎骨全長（正中面に並行に測定）一五七・九　▽下顎枝高六七・二

歯

上顎全歯列長（正中線上における）一一〇・九　▽上顎頬歯列全長（犬歯前縁より）九〇・八　▽上顎犬歯最大長
一三・四　▽下顎犬歯最大長一三・八　▽上顎第四前臼歯長二一・〇　▽下顎第一臼歯長二六・〇
「（この頭骨は）普通の大きさの雑種の雄イヌと比較した場合、この標本の特徴は次のごとくである。前頭骨から鼻骨へかけての顔面は、なだらかで、後頭部の棚状突出部がうしろへ長く伸びだし、また後頭顆も突出している。さら

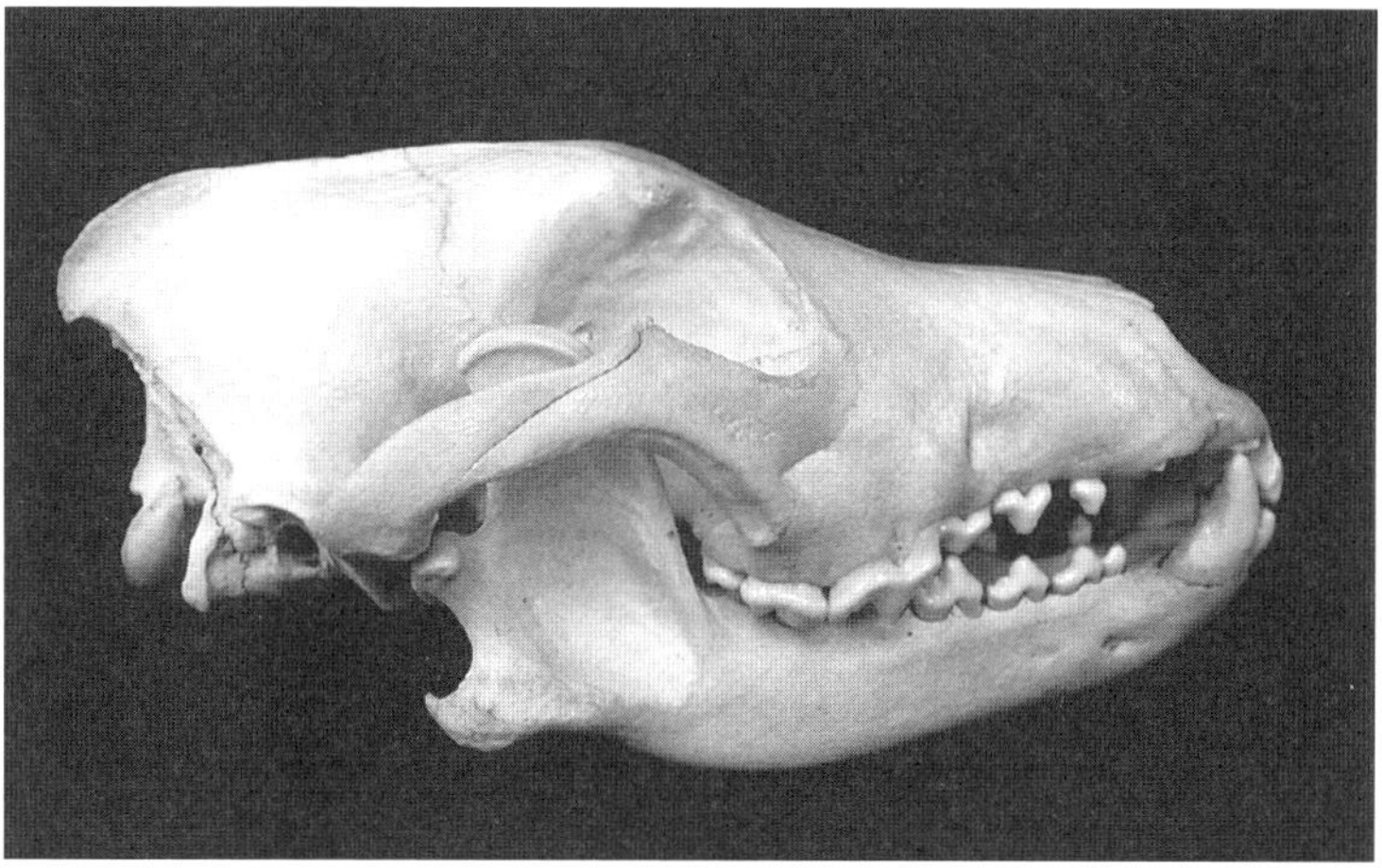

横から見たニホンオオカミの頭骨（和歌山大学教育学部所蔵）

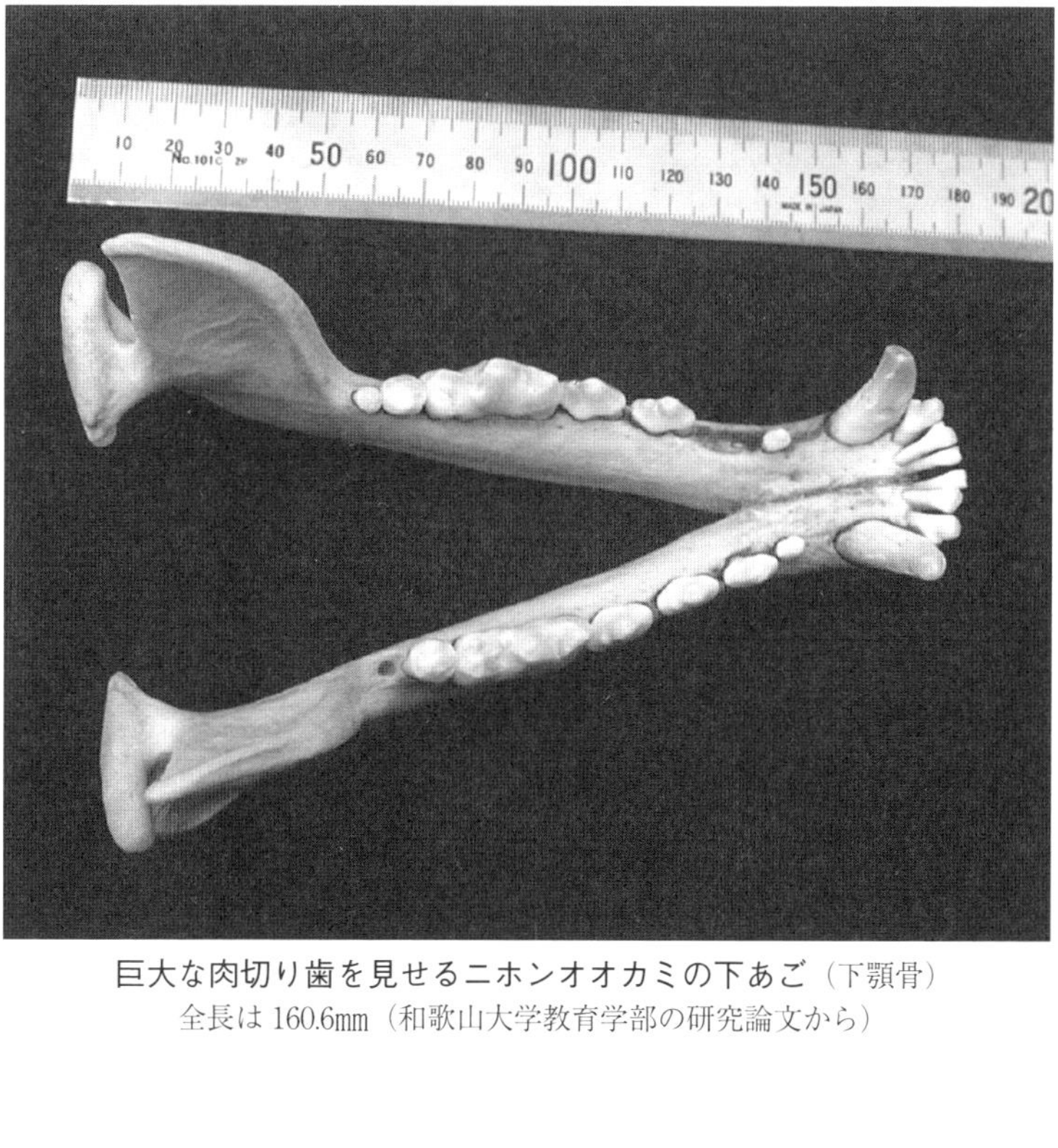

巨大な肉切り歯を見せるニホンオオカミの下あご（下顎骨）
全長は 160.6㎜（和歌山大学教育学部の研究論文から）

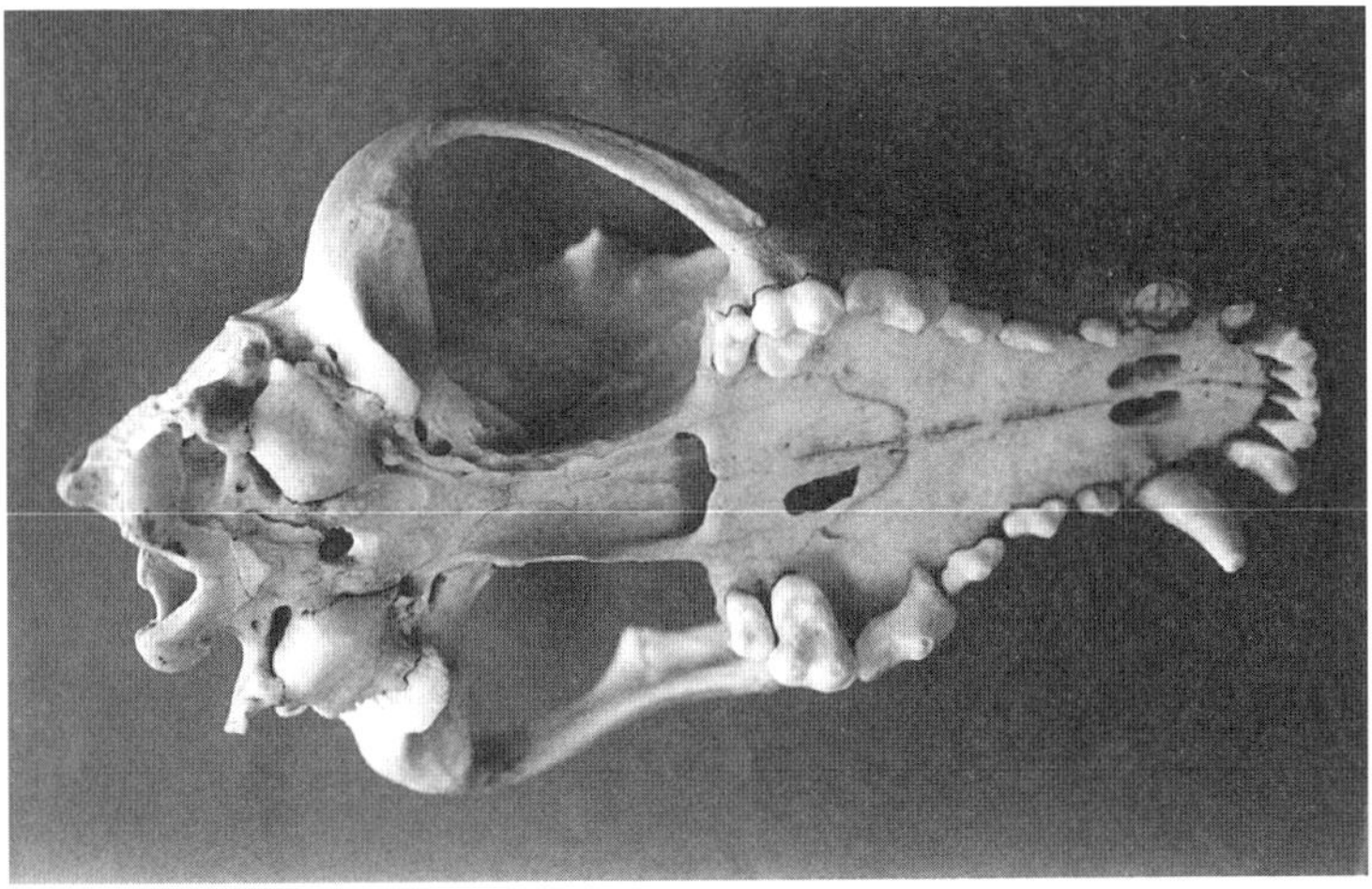

下から見たニホンオオカミの頭骨（和歌山大学教育学部所蔵）

1903 年か 04 年に十津川地方で捕獲されたと伝えられる個体の剥製
国内にある 3 体のうちの一つ（和歌山大学教育学部所蔵）

に口蓋骨後端正中部が後方へ突出するかわりに、湾入がみられるなどである。これらは従来ニホンオオカミの特徴とされているものである。」頭蓋最大長をこれまで見つかっているニホンオオカミのものと比較すると「本標本はかなり大きい部類に属している。」

上顎第四前臼歯と下顎第一臼歯はいわゆる肉切り歯である。ニホンオオカミは下顎第一臼歯が大きいと指摘、イヌとの有力な区別点と考える研究者がある。論文は（アメリカ産オオカミと比べても）「ニホンオオカミは、頭蓋骨に比較してきわだって大きな下顎第一臼歯をもつことがたしかめられ」ているとし、「その特徴を備えている当標本は、ニホンオオカミのものとみてよいと思われる」と結論している。

❖犬とオオカミ❖

犬とオオカミとの関係は一面的ではなかった。犬は人間の側に立ってオオカミと敵対し、彼等を狩りさえした。その一方で、犬がオオカミを恐れるという証言は多く、その中には時に襲われてエサにもなった、というものもある。オオカミは、普通、共食いはしない。ニホンオオカミもそうだったのなら、襲撃事件は、彼らが犬を、必ずしも、同種の仲間とはみなしていなかったことを示している。

逆に『鸚鵡籠中記』には、宝永六年（一七〇九）四月、オオカミと犬が一緒になって八歳の子を殺した事件が出ている。ノイヌが自然界の生態系中に占めている位置は、かつてニホンオオカミが得ていたそれと重なるところがあるはずだ。

筆者は、一九八八年九月、野迫川村の山中で野生化したとみられる犬と出合ったことがある。四肢は、ごつくたくましく、何よりも目についたのは、大きな足先だ。やや大げさに言えば、小さな樏《かんじき》を履いているような感じだ。胴は、余分な肉を削《そ》いだようにやせて、引き締まっていた。その犬は、筆者をじっと見据えた。オオカミの目を表現する「燐

野迫川村の山中で出合ったのノイヌ

光を湛《たた》えた」という言い方が、ぴったりだった。煎餅を投げ与えてみると、そろそろと食べたが、尾は振らなかった。くびれた胴、眼光、大きな足―それだけを取り出せば、いずれも、オオカミの特徴と、言い伝えられてきたものそのものだ。シェパードやハスキー犬などが野生化したら、オオカミと見分けるのはかなり難しかろうと思った。

わが国には、足に犬とオオカミを区別する二つの特徴がある、という言い伝えがあった。一つは狼爪であり、二つ目は水掻きである。オオカミは、この二つを持ち、犬には無い、と考えていたのだ。

狼爪は、後足の親指の名残りだ。犬は、消えている個体が多いが、セントバーナードなどでは有るのが標準体型であり、紀州犬にも持つのが多い。

水掻きは、どのイヌ科動物も持つ。

ニホンオオカミの毛の色には、多少の違いがあったことが、今に残る乏しい資料からもうかがえる。

一八世紀のはじめ、尾張で殺されたオオカミは、「毛色黒赤」、「黒灰色」と記録されている（『鸚鵡籠中記』）。「鷲家口のオオカミ」の毛色は、カラー写真を見る限りでは、全体が褐色に見え、背面は黒い毛が多くなっている。和歌山大にある剥製も同様だが、「鷲家口」より、全体にやや白がかっているようだ。

今も、ユーラシア、北米大陸に残っているオオカミは、この動物の色としてよく知られている灰色主体のもののほか、黒いのや白っぽいのもいて、毛の色は幅が広い。毛の色は、ニホンオオカミでも犬と区別する決め手にはならないと思う。

生活様式

オオカミの存在は、彼らと接することがあった山里の人々の生活様式も制約した。

オオカミは、便所を置く場所さえ左右したのだ。

野迫川村弓手原、中上栄一さん（昭和一六年＝一九四一＝生）。

「子供のころでも、小便所は玄関の中にあった。夜、外に出る必要が無いようにと。オオカミが小便を飲みに来るから、（出合わないように）オオカミ対策だった。」

和歌山県側でも、便所は屋内に設けていた。外便所になったのは、オオカミの心配が無くなってからだという。わが国の農村で、主に高血圧対策など健康面を考えて戦後、内便所が広まったのとは、逆である。

和歌山県伊《い》都《と》郡かつらぎ町花園梁瀬、芝純一さん（大正元年＝一九一二＝生）。

「子供時分には、便所は家の中にあった。便利さのためではない。外だと、オオカミは塩が好きで、一晩で小便を飲んでしまうからだ。屎尿は、唯一の肥料だから、大事だった。ずっと昔に建った家も、便所は中にあった。今は便所は、外か別棟になっている。」

オオカミが、人の小便を好むということは、本書で紹介した江戸時代の本草書や随筆類、紀行文などは、触れていない。

一晩で、ためていた小便ががたっと減ったという奇怪な出来事の真相は、何だったのだろうか。

生きている人間には、まず、手を出さないことにしていたらしいオオカミも、人の死体は、遠慮なく頂戴した。

近代に入っても、山里には、オオカミの新墓荒らしの記憶が、残っていた。

次は中上栄一さんの話だ。

「死者は土葬にした。オオカミが墓を掘るから、深く埋めた。年寄りから、『自分が若いころには、葬式のあくる朝は、（死者の）身内が墓に行く前に、若連中が見に行くもんだった。オオカミが（遺体を）荒らしていたら、かわいそうだろう。その時は直すためだ』という話も聞いた。」

十津川文化叢書第四『十津川の民俗（下）』（昭和三六年＝一九六一、十津川村役場）

〔狼はよく墓を掘りに来る。掘った穴はほんの小さなものなのに、死骸が無くなっている。〕

同第二『十津川の生物』（昭和三六年＝一九六一、十津川村役場）

〔★オオカミが墓をあばくというので、墓は家の近くに作った。〕

宇陀郡『室生村史』（昭和四一年＝一九六六）（現宇陀市）

〔（土葬にすると）盛り土だけでは物足らず、中央にモンドリをオーカミ（狼）除けにたてる（滝谷）。さらに方形に組んだ塔婆を縄でケサ結びにし、モンドリにオーカミ除けの竹をくくりつける。〕

明治の俳人、正岡子規（慶応三年―明治三五年、一八六七―一九〇二）には、オオカミの墓荒らしを取り上げた句がある。

〔狼の墓掘り探す落葉哉

明治二十八年冬〕（『子規全集　第二巻』講談社）

❖オオカミ封じ❖

オオカミ封じの伝承や、それを伴う岩なども、山里には残っている。

かつて野迫川村弓手原から、和歌山県・龍神温泉に行く道だった尾根上の街道のわきには、オオカメ石が築いてあった。一九八八年、中上栄一さんから、この石のことを聞いた。

「山の石を少し積んだもので、高さ一メートルぐらいあった。昔は、オオカミが多かった所で、弘法大師が、それを封じ込めたと聞いている。高野龍神スカイラインの工事の時、なくなった。」

室生村室生にも、オオカメ石と呼ばれる岩がある。村に入るかつての主要道が、室生の谷に出て来た所だ。道のわきに、腰折《こしおれ》地蔵と呼ばれる石像があり、南に向き、名の通り腰のところで折れている。オオカメ石は、この地蔵の三メートル前にある自然石だ。高さ六〇センチ、直径九〇センチほどだ。石の表面には、直径五センチほどの丸いくぼみが、十数個ついている。周縁は、コンパスで線を引いたようなきれいな円だ。何かの星座を象《かたど》ったのかとも思ったが、分からなかった。

石の表面には、巨大な丸い彫刻刀で削ったような、巾広く、浅い溝も何本かある。

『大和の伝説』（昭和七年＝一九三二）に、石の名の由来話「狼石」が出ている。

宇陀市室生のオオカメ石
後ろの草葺きの堂の中が腰折地蔵。

〈室生の谷の西べり、カラミの辻に、コシオレ地蔵というのがある。腰から折れた石の立像である。その前にオオカメ石という火山岩のかたまりがある。

昔、狼がおって、しきりに古墓を荒らして、人を困らせた。弘法大師がこの石に腰かけながら、それをいましめ、「もしこの石をなめてしまうことができるなら、墓荒らしもやるがよい」といった。狼は、それで断念して墓荒らしを止めたが、その時こころみに、数カ所やってみた跡が、今も石面にコポリコポリとくぼんだところだという。

オオカメとは、オオカミの方言である（高田十郎）。」（『大和の伝説（増補版）』）

吉野川沿いの上市（現奈良県吉野町）と太平洋に面した木本《きのもと》（現三重県熊野市）を結んだ東熊野街道の一番の難所、伯母峰《おばみね》峠には、オオカミを鎮めるための地蔵像が置かれていた。

江戸時代後期、紀州藩の医師で博物学者だった畔田翠山《くろだすいざん》（一七九二―一八五九）の『吉野郡名山図志』の「大台山記」に、次のような部分がある。

〔伯母峯　川合（筆者注・上北山村河合）より登り三里にして、伯母峯の辻堂に至る。辻堂は、左は茶屋なり。この地蔵（三間に二間の家一軒、道の北に有り。家の内、右は東方）を狼地蔵といふ。狼この前を通る事あたはずと云ふ。堂は道の左に有り（北より登れば右なり）。〕

この文のものと思われる地蔵は、その後、道の改修で移転、現在、伯母峰峠の下を通る国道一六九号隧道の上北山村西原側出口わきに、お堂を建てて安置してある。

上北山村教育長、中岡孝之さんによると「高さは六〇センチぐらいあり、花崗岩製で大変重く、線香の煙でコーヒー色になっている。」像に年号などは刻んでない。

江戸時代後期の伯母峰峠の様子は、天保五年（一八三四）一〇月、大台ヶ原に登った紀州の仁井田長群の紀行文「登大臺山記」にもみえる。次は、夜半、大台ヶ原から下山し、伯母峰峠に出たところだ。

「夜三更漸姥峰に降り始て一條の路に出る事を得て、一統に蘇息の想ひをなし互に其恙を賀す」「是より往く事半里許にして山堂一宇投宿すべきありて、初て人を見る事を得たり」「相傳ふ此峰にして夜に入れば姥《うば》見（筆者注・現《あら》）はれて人を喰ふとて、世人恐れて夜行する者なし。山民相謀りて此お堂を建て往來の者止宿の所とす。此夜堂中に宿する者數人あり。」（大和国史会編集『大和志』第二巻第九号・昭和一〇年九月の笹谷良造「天保五年の大臺登山記」から・吉川弘文館）

オオカミ地蔵のことには触れていない。避難用のお堂を建てたのだから「姥」による害は、実際にあったのだろう。

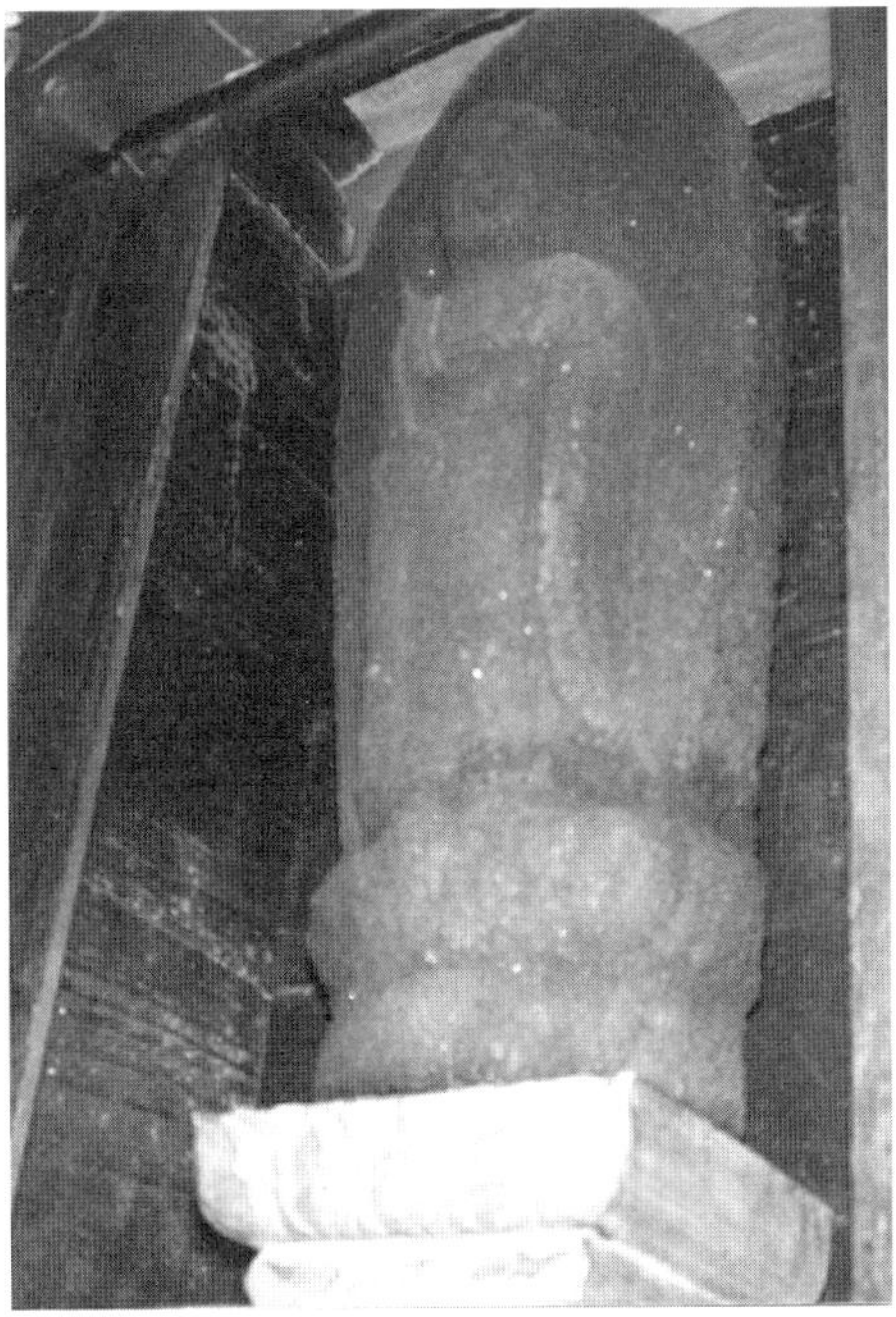

伯母峰峠の狼地蔵
旧東熊野街道の伯母峰峠（上）。道の手前は旧街道と重なる。地蔵は元の場所から移されたが、伯母峰峠と越える旅人をずっと見守りつづけてきた。

もちろん、そんな化け物がいるわけはない。人を食う「姥」の正体は、オオカミだったのではないか。

下市町杼邑、長野又三さん（大正九年＝一九二〇＝生）方裏の間戸峯《まとみね》には、頂上近くの巨岩のすそに、石の地蔵が安置されている。長野さんは、小さい時、祖父から、この地蔵像にまつわる次の話を聞いていた。

「昔、ここにオオカミが赤子をくわえて来て食べていた。その供養のため、この地蔵をまつった。」

地蔵像は、高さ三五センチほどの石に刻まれている。年号など、文字は見当たらない。

オオカミは、紀伊半島の山々に姿を見せなくなってからも、子供たちには、なお現実の恐怖だった。

『奈良縣風俗誌』（大正四、五年、一九一五、六）は、各地に伝わる子守歌や「子供のこわがるもの」、迷信なども記録している。その中から、オオカミが登場するものを拾い上げた。

オオカミが出てくる子守歌を大きく分けると、次の三つの型になる。

①オオカミは、人を咬む、怖い動物である。現吉野郡東吉野村の「四郷村」などで採取。

〔ねんねしゃん子はおかめにかます　おかめこわけりゃちゃとねやれ〕

「おかめ」は、オオカミのことだ。

②オオカミは、やはり恐ろしい動物だが、山にいることに重点がある。

吉野地方西部の物資の集散地だった吉野郡「下市町」。

〔山でこわいのは志々猿狼　里でこわいのは守の口〕

「志々」はイノシシだろう。普通は、人を害することはない「猿」がイノシシの次に来るのは不思議だが、獣の怖さが畑荒らしも含んでいるとしたら、理解できる。歌の分布は①より広く、①の分布域はその中に入る。

③オオカミの名を一種の言葉遊びの中に取り入れたものだ。

現吉野町の「上市町」。

〔太鼓揃へて舟に積むよ　舟の下には狼いやるよ　狼取りたい　竹ほしやよ、竹はほしけりゃ…〕

「奈良市」では、同型の歌が「ハシノ下ニハカモメガ居ヨル」となっていた。この型は、わらべ歌として近畿を中心に各地に伝わっていたようだ。

オオカミを怖い動物としてあつかっている①、②の型の採取地が、鷲家口がある東吉野村とその周辺であるのは、偶然とは思えない。

「子供のこわがるもの」にオオカミが入っている例をいくつか紹介する。

現五條市西吉野町の「白銀《しらかね》村」。

〔狼、狐、幽霊（親が子供を脅す材料とする為）〕

親たちにとって、オオカミはなお現実の存在だったのだろう。

現吉野町の「吉野村」。

〔火事、地震、狼（人ニカミ付クカラ）、虎（同）、盗賊、強盗、獅子、伝染病…〕

奈良盆地内の現橿原市中心部にある「八木、鴨公《かもきみ》、今井地方」でも、〔盗賊、オヒハギ、狼、火事等〕と、街中らしいものに並んで、オオカミが入っていた。

同じ盆地内でも、例えば、「奈良市」には「狼」の名は無い。「狼」の消滅は、盆地内では大勢だった。

「風俗誌」で、オオカミを怖いものに入れたのは、奈良盆地内にある橿原市を除けば、大体、東吉野村周辺とそれに続く地域だ。それは、オオカミが歌詞に出る子守歌の分布とも大体重なる。

下市町杼邑、辻本豊子さん（昭和二年＝一九二七＝生）は、「小さいころ、母親から『言うことを聞かんとオオカミに食べられる』と言われ、怖かった」ことを記憶していた。

奈良県御所《ごせ》市柳町、豊田泰司さん（昭和二年＝一九二七＝生）は、吉野町上市《かみいち》で牧場を経営していたおじから、子供のころ、「遅くなるとオオカミが来るぞ。悪いことはしないが、家の近くまで送って来る」と言われた。おじは、オオカミの牙の根付けを持っていて「これでかぶるんやで」と見せてくれた。

「迷信」にも、オオカミがからんだものがあった。

現吉野町の「龍門《りゅうもん》村」には「狼ヲ食スレバ暴悪トナル」が入っているが、「現今唱《とな》フルモノ尠《すく》ナク」という注がついている。

犬の遠吠えを不吉とする所もあった。それはオオカミを連想させたのだ。

現五條市西吉野町の「賀名生《あのう》村」。

「犬の長鳴（夜）すると天凶の事あり」

『十津川の民俗』にある「犬のオオカメナキ（遠吼え）を嫌う」はその理由の説明になろう。

ここで取り上げた伝承類が語られていた時代の後、ニホンオオカミは、日本人の生活と精神世界に新たに影を落とすことはなかった。彼らは、私たちの記憶の彼方へと去って行ったのである。

❖記　録❖

吉野を中心にした奈良県内の市町村史などから、ニホンオオカミについての記述を抜き出してみた。

十津川文化叢書第四『十津川の民俗（下）』（昭和三六年＝一九六一、十津川村役場）

〔オオカメ（狼）〇五十年位前、大井《おおい》谷仏《ほとけ》峠の千葉浅吉老の叔父にあたる人が紀州太地《たいじ》から大きな犬を連れて来たが、よく独りで鹿など食うて山で泊まって来るのを怪しんである時探しに行ったら、下の磧《かわら》で猪を喰って狼と一緒に寝ていた。つまり狼と一緒に猪を捕ってアイコに喰うていたのである。狼は直ぐ姿を消したが、これがこの辺での狼の話の聞き終いだった。〕

このオオカミの行動は、絶滅期を迎えていた彼らの連れ合い捜しが難しくなっていたことを語っているようにもみえる。

高田十郎『のせがは雑記』は、昭和一一年（一九三六）、野迫川村で行った調査のまとめだ。

（牛の厩を襲うた狼

北今西《きたいまにし》では、旅館辻本氏の先代、當年八十歳の辻本久治郎翁の談話を、中澤正典君が直接きいて、私に傳へてくれた者。久治郎翁が廿五六の頃だつた。當時その家は火災の後で、母屋と厩とが別々の處に離れていた。或晩近所の主婦が、妙に牛が鳴くぞと告げてくる、久治郎は、ハダカに襦袢一枚で飛んでいつてみると、厩の奥に何やら光る物があつて、牛はそれに尻を向け、頭をさげて後足でけらう〳〵としてゐる。さてはと心付いて、両手を厩の入口に張つて、「来てくれェ。狼ぢやァ。」とワメく。やがて今の區長・尾野氏の父秀吉が鐵炮をさげてとんでくる、見事一發で打倒してくれた。尾野秀吉は、當時三十歳ぐらゐだつただろう、其後六十九で歿した。

死んだ狼は、厩の前にあつた木の枝にブラさげておいたが、夜間にツレの狼が來て、オボロナキして喧しいので、重りをつけて川に沈めたけれども、又浮いて二三丁も流れたので、拾上げて土に埋めたといふ。猶久治郎翁の談に、其頃狼は、日暮に薄暗くなると、里へ小便をのみに出て来〳〵した。又「送り狼」も始終出たが、決して人を害することはない。但、病氣の狼だけは、すぐ人にかゝつた者だといふ。（辻本久治郎氏談、中澤正典氏転話））

（猪を取つて食うた狼

弓手原では、主として六十二歳の中上常治郎氏から狼を聞いた。翁は十七八歳から獵《りょう》をしてきたが、昔は雪の時には、在所を離れると、狼の足跡《あしあと》のない日はなかつた。今はそれが全く見受けられない。今日狼の鳴聲を知つてゐるのは、弓手原では先づ常治郎翁一人だらう。犬の遠吠に似て、里の障子がビゞビゞと鳴るほどの、キツい響きを持つてゐた。常には山に居て、病氣にかゝると、小便を呑みに里へ出てきた者、と考へられると云ふ。

常治郎翁は、若い時から、狼の生きたのを三度許りと、死んだのを一度と見てきた。形は今の軍用犬（筆者注・シェパード）に似て、尾が長くサキが太い。よく耳まで口が切れてゐると云はれるが、さうではなく、口の端から耳の所まで、黒い毛が一筋、指ほどの太さに生えつゞいて居るのが、口のやうに見えるのだ。全體は、八貫目（三〇キロ）以下ぐらゐの者だらう。身軽で敏捷なことは、實に驚くべきもので、俗にカヤ三本あれば、身を隠すと云はれる。實際、道から脇にとびおりて遁《に》げていく時など、飛びおりる音だけはするが、あとは音も何もしない。

常治郎翁が三十歳以前の頃、其父など〻四人連で獵に出かけたことがある。途中で心付いてみると、犬が川ばたにおりて、頻りに砂を掘つては何か食つてゐる。其うち一つ次へ越すと、シシ（猪）の足の五六百目位のがコロリと落ちてゐる。やがて先へ行つた犬が、あともどりして川を飛越え、川向ひのカヤの中へ三間ほど入つたかと思ふと、忽ちザワザワザワザワと常ならぬ搖れ方がして、犬があわて〻引返してくる、續いてサッと現れたのが、正眞の狼だつた。

其時狼は、一旦川まで飛出したが、人を見て又引返し、カヤの中を通りぬけて上の方に現れ、振返り〱ユル〱と立去つた。そこから更に一丁許り上に、十五六貫位のシシが、牙と太い骨とだけになつて轉んで居り、肉は只五六百目位より付いて居らず、スッカリ食ひちぎつて方々に埋めてあつた。さきに川原で犬が食つてゐたのも、其一部だつたと分つた。弓手原の村からは、十数丁の處での事だつたと云ふ。（中上常治郎氏）〕

〔白晝村里で人を襲うた狼

弓手原の今谷三太郎といふのは、今在れば九十餘、此人が廿二三の時に、白晝《はくちゅう》に村の中で狼に會つた騒ぎがある。夏の事で、「袖なし」を一つ着て、姉妹を一人連れて、ハシギと呼ばれて箸の原料になる木の、十二三貫なのをカタげて通つてゐると、突然うしろから狼が一匹現れて、袖なしの上からかみついた。幸ひ膚には通らなかつたが、ビツクリして箸木を投げ出す。獸もどうかして、箸木と共に傍の溝へ落ちる、離れて之を見た人々が、ヤア、かまれた〱とヒシる（絶叫する）、何と思つたか、狼は其人々の方へ飛んでいく、其間に三太郎等は、傍の小屋に逃込んで戸を締めた。

狼は、それから氏神の山へかくれた。人々は樫《かし》の棒をとつて、三太郎救助のツモリで、急いで出かける。氏神の前には、川が繞《めぐ》つて橋が架つてゐるのだが、人々がそこまでいくと、丁度狼が奥から橋の上を渡つて、出てくる所だ。

写真右手が狼が隠れた弓手原の氏神の森

待受けて一人が棒でウンとなぐりつける。力が餘つて其身も倒れる。すかさず二人目の者が又なぐりつけて、遂に斃《たお》してしまった。是も病気の狼だつたらしいと云ふ。此話は、よく老人達から聞かされた者だと云ふ。（更谷栄次郎氏等）」

〔不動尊に引付けられた狼

或老婆の言葉に、この時打殺された狼は、不動尊に引付けられた者だらうとある。（略）弓手原では昔から月々廿八日に、この不動尊をまつつて、狼の來ぬやうにと祈願する例で、今も續いてゐるといふ。（弓手原諸氏）」

弓手原の村に、このオオカミが出たのは、幕末か明治初期になる。

この時のオオカミには後日談があった。教えてくれたのは中上栄一さんである。

「殺したオオカミは、氏神様の下に埋めた。六〇年ごとの遷宮の時、掘るか、という話が出たが、結局そのままになっている。

ひいおばあさんは、オオカミをカヤぶき屋根の軒先につるすと、尾の先が下についた、（テレビ番組に出ていたコリー犬の）名犬ラッシーみたいだった、と言っていた。

オオカミはカヤの一本あれば、隠れることができるという。」

『のせがは雑記』の紹介を続ける。

〔狼の肉の薬効

狼の肉はリューマチスの妙薬、肉を骨ぐるみ黒焼にして付けると、どんなウズキ（劇痛）にも、テキメンきくと云ふ。淡路の人が、いくらでも買はう、と云つて弓手原に來たことがある。今日若し狼が取れたら、一頭七八十圓にはなる。併《しか》し全く取れないことは、前にいつた通りである。（中上常治郎氏等）〕

宮本常一『吉野西奥民俗採訪録』（昭和一七年＝一九四二＝、日本常民文化研究所）には、オオカミについての話がいくつもある。次は、大塔村（現五條市大塔町）で採集したものだ。

〔狐狸妖怪談

○狼

狼は千匹連といふが本當である。と阪谷（筆者注・留吉・篠原の人）氏は語つて呉れた。氏の爺さんにあたる人が、中峯へ越すシユロの峯の所で狼に逢うた。大群をなして居た。四十八匹までよんで恐しくなつて戻つて来た。

○之も篠原の人がマル（樽丸）を負うて辻堂へ行かうと思つて、朝ほんのりする頃出かけた。うねまで行くと狼がつくつとして居る（筆者注・すまして立っている）。見れば一匹ではなく澤山の子をたばへてゐる。それがずつと向うへ下つて行く。かぞへて見ると七十六匹居た。気持が悪くなつて辻堂へ出ず山西の方へ下つた。途中で又二匹狼にあうた。此の時から篠原に狼が居なくなつたといはれてゐる。〕

これによく似た光景が、柳田國男の『遠野物語』にも出ている。ある男がある年の秋の暮れ、何百というオオカミの群れが走り去るのを見たのを境に遠野郷にはオオカミが甚だ少なくなった、という内容だ。

数には、誇張があるにしろ、大群の出現が、吉野でも、遠野でも、オオカミの滅亡の前兆として語られているのは、興味深い。

「採訪録」からの引用を続ける。

〔狼は晝《ひる》は人が恐しいらしい、人を見ると尾を垂れて走る。獨《ひと》りで行く時は尾をまいてゐる。又、狼は夜は千人力といひ、晝は笹の葉の動くのにも恐れるといふ。〕

和歌山県伊都郡花園村（現かつらぎ町花園）は、野迫川村の西隣りだ。

『高野花園の民話』（和歌山県民話の会、昭和六〇年＝一九八五）にあるオオカミに関するもの一五話の中から紹介する。

〔狼の話

○大正の始め頃の話じゃが、牛をつれて歩いていると、ホーホーと吠えながら牛を攻めてきた。それで鉄砲で狼をうち殺したそうや（話者・中上栄之助〔梁瀬《やなせ》〕、記録・前山）。

○大正の始め頃に狼の流行病が大発生して狼が全部病気にかかり死に絶えたそうな。それからというものは、狼の姿を見た人は誰れもいないからのう（同、同）。

○むかしゃ家の中に牛屋があって牛屋へ狼が来た、牛をとられたという話は聞いたことがある（話者・上田邦一〔梁瀬〕、記録・道浦、小路）。

○病になってないやつは、犬みたいにかわいらしいもんやった。日がくれたらきっちりついてきて送ってくれた。病になってるやつは人にもむかってくるし、五月になって田、すいとったら牛にかかってくるので、山の上でおぼりだしたら百姓しよった人もみな牛追うて家まで帰ってきた。その頃は牛屋に雨戸みなあったですわ。

狼は犬がなくように、オーーと長うなきよります（話者・田首丑之助〔北寺〕）、記録・藤沢、道浦）。〕

花園村の南隣りにある有田郡清水町（現有田川町）では、江戸時代末、黒船が渡来した直後、紀州藩が、山間部の住民に「狼烟《のろし》」に使う「狼糞」を集めさせた記録が、当時、現清水町一帯の大庄屋《おおしょうや》だった堀江家に伝わっていた。嘉永六年六月の帳簿には、「宮原組宮崎狼烟御入用狼糞拾ひ人別名前張」という表紙がついている。現有田《ありだ》市の宮崎鼻《みやざきはな》は、紀伊水道に突き出た岬で、紀州藩は遠見番所を置き、狼煙場を設けていた。嘉永六年六月には、ペリーが浦賀に来航している。オオカミの糞集めは、黒船に驚いた紀州藩が、急遽《きゅうきょ》講じた対策の一つだったのだろう。

紀州藩が、オオカミの糞を集めようとしたのは、それを燃やした煙は、風があっても、まっすぐ上がるという説が、中国から伝わっていたためだ。唐代の『酉陽雑俎《ゆうようざっそ》』に「狼の糞の烟は直上す。烽火に之を用う」とある。「のろし」に、漢字の「狼煙」を当てる所以だ。煙が風に逆らって上がることは、もちろんあり得ない。この説が、近世末になっても、わが国で信じられていたのは、実際に試したことが無かったからだろう。

❖『日本狼物語』❖

岸田日出男氏の『日本狼物語』は、民俗資料としてだけでなく、生態記録としても貴重だ。

岸田氏が、聞き取り、手紙での問い合わせによる本格的なオオカミの調査を始めたのは、昭和一〇年（一九三五）だった。「物語」には、それ以前に聞いていたことも入れている。

吉野史談会機関誌『吉野風土記』二一号（一九六四年）に掲載された「物語」から一部を紹介する。

『風土記』はガリ版刷りで、発行部数は少なかったらしい。奈良県立図書館は二一号も所蔵しているが紙質が悪く、変色し、劣化が進んでいる。

〈**狼の昔話**　東吉野方面　四郷《しごう》村大字麦谷《むぎたに》（筆者注・現吉野郡東吉野村）で得た話

城村與市氏（昭和六年、六十八才で死去）

城村君は豪放無頓着、斗酒なほ辞せずといった快漢で、奈良県立農林学校麦谷演習林の看守だった。次に記すのは明治四十三、四年頃、同君から聞いた話である。

若い頃、一杯機嫌で、台高《だいこう》山脈の高見山附近の峠にさしかゝると、向ふの高い所に一匹の狼が突立ち、炯々《けいけい》たる眼を光して、此方を睨《にら》んで居る。これを見た瞬間、酔も一時に醒めて、頭髪の逆立するのを覚えた。而し逃れる術もないので、息詰る様な思で睨み合って居たが、狼は飛びかゝらうとはせないが、逃げようともせない。その内何かの拍子で、フト目を外《そ》らしたら、狼は忽ち走り去ってしまったので、命拾ひをしたのだった。狼は睨み合って居る間は、決して逃げぬものである。

自分は一回狼の肉を喰った事があるが、何の味もなく、丁度古綿を噛んで居る様なものだった。

以上の事に就いて、私（岸田）は城村與八郎君（與市氏の長男で四十才位）に宛て、三月十九日付（昭和十年）を以て問合せもなして回答を得た。

城村與八郎君ヨリノ回報（昭和十年三月二十四日付）

愚父は昭和六年十月、六十八才ニテ死去仕リ、生前ニ其話ハ承リ居ラズ候ガ、当地古老七十五才ノ森高宇蔵氏に承リ候事実話を御報告申上候。

○明治三十七年、麦谷演習林ノ周囲ニ防火線施設工事ノ時、小川村（現東吉野村）字小・辻作次トイフ人ガ、父ニ雇ハレテ、演習林附近ニテ、他ノ人ト小屋ニテ宿泊シ、仕事ニ従事致シ居リ候ヒシガ、其人ハ狩ノ名人デ、其当時五連発ノ銃ヲ持チ居リテ、夕飯ヲ済マセテ、早々暗夜ヲモノトモセズ（其人ハ目ハ良クテ暗デモ見エタラシイ）毎晩ノ様ニ、白石山《しらいしやま》ノ奥ヨリ、国見山《くにみやま》附近迄、何カ良イ獲物ハ無イカト、探シニ行キ居リシガ、或ル日国見ノ三角点ノアル所ヘ行キシニ、道ヲ横切リシ何物カアリシ故、一所懸命ニ近道シテ、明神平ノ猪ノノテ（通路）ニテ待チ合セ銃ヲ向ケ居ルト、バサ〳〵ト物音ガシテ出テ来ル奴ヲ一発ノモトニ撃殺シ、持帰リ見レバ大キナ狼デアリシト。若シ父ガ貴下ニ狼ノ肉ヲ喰タトオ話セシナラバ、其時ノ事ナラント存ジ候。仰セノ如ク、狼ノ肉ハ堅クテ、古綿ヲ噛ム様ナモノダト、森高老モ申シ居リ候。

○明治十七、八年頃、大又（現東吉野村）ニ松本利吉トイフ人ガ居マシタ。此人ハ或晩方、大豆生（現東吉野村）マデ酒ヲ買求メント行キシニ、川端デ異様ナ泣声スル故、フト眺メシニ、狼ガ二匹デ一匹ノ大猪ヲ川ニオトシ込ミ、猪ガ岸ニ上ラントセバ、大口デガブト噛マントシテ居ル様デ、之ハ一人デ不可ズト連レヲツレテ来ヤウト後戻シテ、人ヲ連レテ来テ、先ツ筏梃子《いかだてこ》デ水面ヲ打テ、其物音ニ狼ガ逃ゲ去リシ故、大猪ヲ分捕シテ良イ酒肴トセシ由。

○狼ハ非常ニ塩ガ好物デ、明治十二、三年頃、大又ニ大平トイフ十人力モアルトイフ人ガアリマシテ、其人ガ鷲家口迄塩ヲ買求メニ行キ、酒ヲ呑ミ、日暮方澤山塩ヲ擔《にな》ヒ帰リシニ、人家ノ在ル所デハ居ラヌ、山中ニ入ルト澤山ノ送リ狼ガ出テ来テ、頭上ヲ飛ビ越エ、飛ビ越エテ仕方ガナイノデ、大キナ声ヲ立テ、オメキシニ（ワメクヲ意味スル方言―岸田註）、此人ノ声ハ名高イ大音ノ事トテ、暫クハ狼ガ逃ゲシガ、又来ルトイフ風デ帰リテ見レバ、塩ガ二、三俵モ、飛ビ越エラル毎ニ取ラレテ減リテ居タト申ス由。故ニ塩ノ着イタ縄トカ物ヲ持ツテ、夜歩キワセヌ事ト昔ノ人ハ云ツテヰマス。

○明治二十四、五年頃、大豆生《まめお》ノ某ト言フ人ガ、或時川上村ノ井光《いかり》近クマデ栂ノ木ヲ柱ニセント伐リ行キ居リシガ、受口ヲ深ク伐リ足ラヌタメ木ガ裂ケテ、岩ト木ニハサマレテ其人ハ腹ガ裂ケテ了ヒ、死ンダソウデス。連ノ人ガ背負ヒテ帰リシニ、血ノ香ヲタドリテ狼ガ尾《つ》イテ来テ、頭上ヲ右往左往ト飛ビ交エ、連ノ人ハ最早死人ヲ其マヽニシテ逃ゲ帰ラントセシニ、人ガ多勢来テ呉レテ助カリシ由。

○明治二十二、三年頃、狩人ニ撃タレテ病付狼トナリシ奴ガ、大豆生ノ在所ニ来リ、某ト云フノヲ噛ミ殺シタノデ、皆家ノ戸ヲ閉メテ外ニ出ル者ナカリシガ、其時大根ノ佐兵衛ナル者、銃ノ名人デ、宜《よ》シ俺ガ一ツ捕マエテヤラフト銃ヲ持チ、クワイフ（包丁）ヲ持チテ、家ヲ出デアチコチ〳〵ト探シ廻リ居レバ、自分ノ前三間近クノ所ニ、ヒヨコト出テ来シタメ、銃ヲ向ケル間モナイノデ、仕方ナク着テ居タツヅレ伴天ヲパット狼ニ投ゲカブセタラ、狼ハ喰ヘ、振リ振リシテ居ル奴ヲ、銃ノ台デナグリ殺シタトノ事デス。ソレカラ村ノ人ハ、此人ハ一代村ノ人足ニ出ンデモ良イト、人足免除ノ恩典ニ浴シタトノ事デス。

○狼ハ昔、当地ニハ、随分居リマシタソウデ、時々人家近クニ来リ困リシ由。故ニ昔ノ家ハ入口ハ高ク、大キナ戸、大キナ敷居デ、障子ナンカモ三分ノ一以上ニ紙ヲ張リシト申シマス。狼ニ出会ヒシ時ハ、目ヲソラスト狼ガ逃ゲルガ、ニラムト中々逃ゲヌソウデス。狼ノ糞ハ直径三寸―四寸位有リテ、長サハ一尺近クモアリ、毛ト骨ト混合デ、トテモ堅イラシク候。山道ヲ歩イテ居テ、パサ〳〵ト物音シテ逃ゲル奴ハ鹿カ猪ナルガ、狼ハパサト音立テタナリ、続イテ物音セヌデ、此奴《こやつ》中々ズルク、雑草原ニ逃ゲ飛ビテ、其ママミジロギモセズ、万一ノ場合ヲ予想シテ身構ヘ居ルラシク候。

○家ガ火災デ味噌云々ト云フ話（筆者注・火事になると味噌が焦げる臭いにひかれてオオカミが集まるという伝承。岸田氏が、その有無を問い合わせていた）モ、或ハ塩ヲ好ム関係上カラ有ルカモ知レマセンガ、当地古老ノ人ハ其話ハ聞カント申シテ居リマス。〕

〔上北山村天ヶ瀬で聞いた話　―昭和十年九月十一日―　井場亀一氏（六十一才）

○確か十二才の時の事、西原（上北山村）の宝泉寺の下にある中岡島蔵といふ家へ、夜、灰粕の犬が入って来たので家人は之を追ったが、どうしても出て行かないので、翌朝縄で括り外へ出した。之を見た近所の人達はコリャ犬でない、狼だといふので大いに吃驚《びっくり》したが、狼は少しも反抗せない。その中、学校へつれて来て生徒達も狼の身体を触ったり毛を引っ張りするが、され放題であった。あまりおとなしいので、こりゃ病気のため人を頼って来たのに相違ないと衆議一決したが、暫くすると横に倒れて死んでしまったので、川原へ埋めてしまった。

○明治二十四年、松浦（武四郎）翁の分骨碑石を伯母ヶ峯から峯伝ひに名古屋谷（大台ヶ原）に運ぶ時、やはり父に従って登った。石は重いので数日を要した。

一行は石を開拓の手前に置いて、開拓の小屋まで泊りにいった。亀一氏は翌日の運搬に支障なからしむるため道筋の笹を刈ってをった。その時、上の方で何かしらガサ〳〵音がするので、コリャ、オモトを掘りにいった奥村□太郎が帰って来たのだと思ってをると、何ぞ知らん、それは恐ろしい狼であった。出合頭のことゝて両者の間は僅かに一間程より距離はない。吃驚して手にせる鎌を振り上げると、狼も立止って此方を睨んでをった。息詰る思いは凡そ十五分間位もつゞいたろう。どうしても逃げない。その内何かの拍子に目をそらしたら何處かへ走り去った。〕

〔上市町で聞いた話　―昭和十年四月二十二日―　森岡太一郎氏（五十五才）

○子供の時は下市町（吉野郡）に住うてをった。私の祖父の直助が、明治二十一年洞川（吉野郡天川村）の松谷松造といふ男から、狼の死骸を買ふて来たのを見たことがある。それは丁度私の八才の時の一月十日であった。祖父は七十錢で買って来たといふ。重量は六貫匁（筆者注・二二・五キロ）位のもので門先え吊してあると犬も逃げた。牛も馬も動かなかったのを覚えてをる。〕

〔下北山村（吉野郡）大字池原で聞いた話　―昭和十年五月五日―　前更亀蔵氏（六十五才）

三十二、三才の時、倉谷友吉といふ男の殺した狼を見たことがある。犬は死体を吊下てあると、見ただけでも逃げ去るのであった。同じ年に、河合（上北山村）の北岡角吉といふ男が椎茸山《しいたけやま》でおると狼が来たので、数人してそれを追廻し打殺し、河合へもち帰り、川端で剝いでをるのを見た。倉谷の殺した狼も、北岡の殺した狼も、何れも病狼であったに相違ない。当時狼に病気が流行したと皆がいふ。

○五十年程前、下垣内久助といふ者が便所へ行くと、狼が犬と睨み合ってゐた。吃驚して犬を追ふと（狼を逃がすため）狼はすぐ走り出し何處かへ逃げてしまった。〕

〔上北山村大字白川で聞いた話　―昭和十年五月五日―　福田守義氏（四十四才）

○凡そ二十二、三年前、下北山へ行く時、午前七、八時頃、古代《こだい》（上北山村）の五、六町手前まで行くと、小谷の上方で唸りつゝ、ある狼を発見した。用事をすませて帰途、午后六、七時頃、その附近まで来ると、血を吐いて死んでをるのを見た。狼の牙は魔除けだといふので、牙を抜かんと思ったが、既に牙は無かった。血は牙を抜かれる時出た血と思ふ。この狼は老衰か罹病《りびょう》せるものであったろう。

○雪中に印した狼の足跡は直径五寸位もある（但し足跡の周囲の雪が崩れ落つるので多少は大きくなるのだろうと思ふ）。〕

〔下北山村大字大瀬で聞いた話　―昭和十年五月―　中畑伊之吉氏（六十一才）

○私の二十才位までは狼は盛んに啼いた。殊に朧月夜の夜は頻りに啼いたものだ。〕

〔上北山村小字天ヶ瀬で聞いた話　―昭和十一年五月二十二日―　岩本おきち氏（八十才）

○それは辰の年で旧の一月で雪があった（岸田曰く明治十三年）。水口伝一郎氏（小橡の人で川上村の戸長）が川上村から伯母峯を越えて帰り来り、おきちの宅で泊った。その時は丁度八ツ頃であった。所が暫くすると一匹の狼が現はれ畑の縁を歩いて来り、附近に吊下げてあった羚羊《かもしか》のアバラ（肉を取って骨となしたるもの）を嚙り初めた。この狼は所謂《いわゆる》送り狼で、水口伝一郎氏は、伯母峯の向ふで何か後からつけたものがあるなと思ったと云われた。之を見た利平（おきちの夫）と井場亀一郎（松浦武四郎翁を大台ヶ原山へ案内した人）が鉄砲で打ち殺したが、その骨格は二、三年前まで保存してあったが、じゃまになるので焼いて終った。

○その後市の谷（辻堂山より西南に落ちて西ノ川に流れ込む谷）で陥穴《おとしあな》に落ちて死んだものを拾って来たものを見たこともある。おきちの見たのはこれ二つだ。狼の大きさは大凡《おおよそ》、犬と同じだが、少し位大きい。〕

〔上北山村大字小橡で聞いた話　―昭和十一年五月二十一日―　奥田與四郎氏（六十四才）

○十四、五才の時、小橡小学校の教員清水萬太郎氏と共に狼の肉を喰った。大変臭く、色赤く、又固かった。〕

〔奈良市で聞いた話　―昭和十年十一月十三日―　手東鶴太郎氏（六十一才）

○明治四十二年の冬のこと、北山街道の郵便取次所で道路測量のため三、四ヶ月も泊ってをった時の事、十二月頃から二月頃までの間において、五、六夜も啼いたのを聞いた。一頭で啼くのか、それとも数頭で啼くのか、そこは明らかではないが、啼き初めると幾声も聞えた。啼き声は中々太く、且つ啼き終りは、殊更に太い。犬の狼啼きは最後は細いが、狼の声は之と反対である。なほ大正十年の十二月頃、大蛇嵓《だいじゃぐら》直下の東ノ川上流で、水電測量従事の時露営したことがある。雪のある寒い時だった。その時右岸の山の高所で啼くのを聞いた。その声は三、四十分間も続いた。〕

〔川上村大字下多古で聞いた話　―昭和十一年七月十日―　大西徳次郎氏（六十二才）

○二十二才の夏の夜の十一時頃、月明りをたよりに鷲の尾峠（武木《たきぎ》より鷲家口へ越す峠で俗称アンノゴ峠と云ふ）を越えた。その時、道下で何物か、ガサ〳〵するので、何物かと思ってゐると、その怪物は、目先の道に表はれた。それは正しく灰粕色をした一匹の大きな狼であった。はっと思って、立竦《たちすく》むと、先方も立止って此方を見た。が、暫くすると、ノソリ〳〵と山を登って行った。〕

〔西吉野方面　大塔村大字篠原（現五條市）で聞いた話　―昭和十年三月十七日―　辻内松太郎氏（六十一才）
同　定光氏（三十五才）　父子

○前田甚八が（大正二年、八十九才で死す）、樽丸を売りに行く途中槙尾（篠原の西北高野辻の少し西北に当り唐笠山《とがさやま》に通ずる尾根筋）までくると、向うの方を狼が歩いておるので恐ろしくなり、方面をかへて山西（筆者注・天川村）方面へいって商すべく、高野辻まで後返りし、山西への道を少し進むと、又もや狼に出逢ったので、吃驚したが、今度は幸ひな事には狼が逃げてしまった。甚八はこの事を吉野源治に話したところ、源治は次のような話をした。

○若い頃（凡そ百年前）槙尾の山小屋で泊りがけで、切畑をしておった。その時は丁度秋であったが、向ふの方を澤山の狼が通るので恐る〳〵数へると、七十匹まで数へられたが、それ以上は読めなかった。

○六十年位前の事だ。物谷《そうたに》（筆者注・大塔村）の男は重病の妻に飲ます薬をとりに山西へ行き、その帰途山西と庵住《いおずみ》（筆者注・天川村）との辻の峠まで来ると狼に出逢った。急いで木に登ったが、狼は去らない。何時死ぬやら判らぬ妻を思ふと耐《たま》らないのだが、何とも致し方なく帯で身体をしっかりと括り、慄《おのの》き乍ら一夜を明かした。夜が明けると共に狼は逃げ去った。これも前田甚八さんの話だった。〕

〔吉野保太郎氏（七十一才）　―昭和十年三月十七日―
三十四、五才の時、ナルマタ（大塔村と十津川との村界）で瀬戸谷の上流にある山小屋の奥で狼が子を育てをった。仔の啼声は犬と同じだ。〕

〔枡谷こよし氏（五十七才）　―昭和十年三月十七日―

○嫁入前の吉田こよし時代の出来事である。それは十二、三才の時、母のすえさん（五十才位）と共に、切畑のためナルマタへいってをった時の事だった。

○丁度春三月末の夜中のこと。小屋の外で異様な物音がするので何事ならんと、よく聞いておると、アアーン、アアーンと咽喉をかする声を出して、大変苦しがっておるのは、正しく毛物《けもの》である。これを聞いた母は、鉄砲玉をうけた猪だといひ、娘は狼だと云った。どちらにしても猛獣に違いないので、震へ乍ら蒲団をかむり、母は氏神さんにて無事を祈った。山小屋の表戸は、萱で拵《こしら》えた簡単なものだから、入って来られたら大変だと、母娘は戦々兢々、震へ乍ら蒲団をかむり母の祈りは長らく続いた。表戸の外では、アアーン〳〵といふカスリ声が長らくつゞき、何やらこわす様な音さへしたが、その内何事もなくなった。翌朝恐る〳〵外に出て見ると、表に置いてあった桶を齧り壊してあった。暫くして、篠原から数人の女人夫と共に曲物《まげもの》の材料をとりに来た男によって、狼の死骸が発見された。其処は小屋に隣る飯場の横に建つ「米搗き臼」を置く小屋だったが、その中で狼は血を吐いて死んでをった。その男に頼んで吊り下げ置いてもらい、とりに来る様実家へ伝言をたのんだら、弟の芳三郎（現五十四才）が、とりに来てもってかへった。五、六十貫匁からあったろう。

○狼は御山直吉（篠原）といふ男の懇望によって米二斗に代へたが、御山は下市の男に売り払った。

○狼は決して危害を加えに来たものでなく、咽喉に骨が立ったので、それを取ってくれと頼みに来たのに相違ない。」

〔阪谷留吉氏（五十八才）―昭和十年三月十七日―

○十五才の時、五月頃だったと思ふ、深瀬《ふかせ》（舟ノ川と入谷との出合より四町ばかり下流）に仕事にいっておった事がある。その時のある一日、鹿が飛んで来たので、コリャ狼が追出したのに違いないと思っておると、案の定、狼が追って来た。所が父子の姿を見ると、尾をすぼめて逃げ去った。

○前田甚八から（甚八は吉野源治より聞いたとて）シュロの峯で、牛のように寝たものや、立ったものや、犬のようにつくぼ（筆者注・はいつくばる）したものなど沢山の狼がをるので、兢々とし乍ら数へたら四十七匹まで数へられたが、それ以上は数へられなかった、との話を聞いた事がある（別項辻内松太郎君は七十匹と聞いたと語っておる）。
○亡父の徳太郎が二十五、六才の時（今から五十七、八年前）、ナル尾（下辻山から五町ばかり西へ寄った処）で、二匹居るのに出逢った。丁度篠原へ帰る時で、その側を通ったが、狼は口を開いて欠《アクビ》のような事をしておったが、何ともしなかった。一町程行き過ぎてから後を振り返って見たが、同じ事だった。
○狼といふ奴は、夜通し寝ない様に思はれる位だ。山小屋で寝てをる時、其の近くで狼が仔を育てゝおったらしいが、犬のように夜通し、キャン〳〵と啼き、親は時々大きな声で吠へた。小屋の女共は恐ろしがり、小人数では山小屋に来るのを嫌った。
○惣谷部落の対岸の向野で、上沢源四郎が、明治十年頃の事、陥穴に狼が落ち込んで死んだのを見たが、その時、穴の附近へ沢山の狼が来て盛んに啼いたといふ。
○三十六才の時から十年間程、毎年中ノ川や、宇無《うむ》ノ川へ猟にいったが、殆んど毎年鹿を拾った。殊に桶川の肩では二、三回拾った。大抵皮を剝いで肉のみにするとか、また骨は外してあった。
○今北萬太郎が三十六、七年前、丁度、同君が三十才位の時、瀬戸谷を渡ってナルマタを通り、篠原へ帰る時、牝犬の七が頻りに啼くので、急ぎ近よると、狼三、四匹が犬を取巻いておるのだった。そこで大声を出すと狼は逃げ去った。
○吉野源六が、四十四、五年前、ナルマタで陥穴に狼が落ちておるのを見て、穴の中から上へ通ずる橋を架けておいてやったら、出たらしくおらなくなっていた。〕

〔十津川村大字山天で聞いた話　―昭和十年十月二十三日―　中南忠京氏（六十三、四才）

○今から四、五十年前は、病狼が毎年里へ出て来た。この病狼は山に居る時は宮山に隠れ、里に出る時は道を通るといふ。その時分、内野《うちの》部落の辻本といふ男は、病狼が出て来る度毎にハゼ（稲架）に登り、「狼ジャ〳〵」と叫ぶのであった。ある時、辻本の叫びで病狼の出現を知った自分の父とほかに梶之助と云う男が鉄砲を持ち、共に退治すべく追いかけた。所で病狼は、五百瀬《いもせ》部落のカカリにある、一人住居の老婆の家で飼ってある犬を襲って咬みついた。驚いた犬は、床下に逃げたので、狼も後を追い床下を走るので、釘付けもしてない粗末な床板が、毛物の背中のためにモク〳〵と動いたという。犬には病が伝染したので、川原へつれていって殺してしまった。又、牛も二頭をったが、鼻を少し害されたのが基となって病気に犯された。病狼を追ふ二人は、狼を見つける迄に、五百瀬の清蔵といふ男が、屋根の上から鉄砲で退治した後だった。〕

〔上市町（筆者注・現吉野町）で聞いた話　―昭和十年四月二十二日―　榎光磨氏（五十三才）

（榎氏は十津川村大字高津の人）

○狼が沢山おる所には、狼峠、狼尾などの地名が未だにある。

○狼が鹿を殺すと半分残して帰って行く。それを拾って帰ると、その家へ来て小便を呑む。〕

〔上市町で聞いた話　―昭和十年三月二十六日―　津本儀一氏（六十二、三才）

（津本氏は野迫川村大字弓手原の人）

○弓手原に今谷弥助といふ人がおった（昭和八年九十九才で死す）。この人が二十才位の時、紀和国境の笹の茶屋附近からの帰途、後方に何やら音がするので振り返ると、一匹の犬がついて来ておる。今谷が立止ると、犬も立止り、歩き出すと犬も歩き出す。やがて弓手原の人家の近くまで来たが、犬はまだついて来るので、棒で犬を打つと、猛然と襲い来り足に噛みついた。吃驚した今谷は、大声あげて助を求めると、数人の人が来て加勢したので犬は逃げたが、それは犬ではなく送り狼だった。

○今から四十年程前、自分が鉄砲を持ち初めの頃だった。部落の下を流る、弓手原川の対岸にある棚田《たなだ》（山腹に階段状に存在する田）の上方に一匹の鹿が現れてドン〳〵飛び下ってくる。見てをると横の方から一匹の狼が現れて、鹿の咽喉笛に喰付たと思ふと、鹿は横様に倒れた。そこで、人々は鉄砲を打ち放ったら狼は逃げたので、倒れてをる鹿を荷って谷川の處まで来た。丁度その時は夕方だったので、鹿を渕深く浸してをいて明日の事とした。所で夜中、数頭の狼が現れて盛んに吠へて恐ろしく又喧しいので、数人の人は焚火を打ち振り乍ら谷川に下って浸してある鹿を取り出し、その腹部を割いて臓腑をとり出して高い所へ放り出し、死骸は元通り水浸しにしてをいた。それからは狼も啼かなかった。翌朝いって見ると、臓腑はすっかり平げてしまってあった。

○所で鹿を倒したのに違いないと思はれる狼が、その後二十日程してから弓手原の下流の川原で死んでをった。自分はそれを拾ってかへり、黒焼屋に十五円でうった。弓手原向ひの棚田に狼の現れなくなってからモウ三十年位にもなる。〕

〔十津川村大字神下《こうか》で聞いた話　—昭和十年五月四日—　東覚次氏（六十一才）

○大杉学校（葛川が北山川へ流れ込む処—瀞八丁《どろはっちょう》—より半里ばかり葛川を溯る）へ通ってをる十二、三才頃の時だった。学校に通ふ道は大森山西側の中腹を登って東野道との岐路に達し、其処から大杉へ下るので、現在の五万分一地図に記入せるものと変ってゐない。それは冬の一日だった。丁度七時頃、学友十数人と共に大迫《おおさこ》（道が右から左へ、ウント屈曲する辺）に達した時、左下山中のシダクモ（ウラジロシダの繁茂せる状態をいふ）の中から背中を出して登ってくる大きな狼を見た。犬よりウンと大きく、口は耳まで裂けてをった。之を見た連中は吃驚仰天、あわてふためき後返りして逃げた。自分は小さく身体も弱かったので、外の連中に後れ、泣き乍ら走った。一町位走ったと思ふ時、振り返って見ると、狼は道を横断して、道上のシダクモの中から相変らず背中を出して登って行くのだった。

○その頃は、狼の啼声を度々聞いたが、中にもキリリ（下瀞《しもどろ》峡右岸—東牟婁郡玉置口村＝現和歌山県新宮市）の高い所で、田戸から下地《しもぢ》（玉置口村）に通ずる細径の頂点辺ではよく啼いたものだった。

○上地《かみぢ》に山口といふ家があって、その離れ家を文右ヱ門といふ人に貸してあった。ある夜、狼が出て来て文右ヱ門の飼犬を口に咬へ、咬へた口を曲げて背中にのせて走り去った。文右ヱ門之《これ》を見たが、如何とも仕様がなかったとの事だった。それは自分（覚次）が丁度七、八才の時だった。

○父は下葛川の戸長だった。当時（今から五十五、六年前）は、用件のため度々玉置山を越え、折立《おりたち》辺に行き、玉置山附近より日を暮して帰ることが度々であった。その時は道の極く近くで狼の啼くのを何回も聞いた。否《いな》、玉置山附近では、啼き声を聞かないことは殆んどなかったといふ事である。

○十九才の時、父と二人、山仕事に行くべくミヤゴヤマ滝（葛川が北山川に流れこむ処より五町ばかり奥）の下を通ると、狼が猪の十二、三貫位のものを斃《たお》して足を一本喰ってあった。其處を通って尚奥地へ行き、夕方帰る時、滝下までくると猪の死体は尚朝のままだった。帰宅して中森與平次（七〇才位）に話したら、そりゃ惜しい、胃と枝（四肢のこと）をもらはなければならぬ、案内せよといふので、淋しかったが、現場へ案内すること、なり、中森忠吉（十九才）歌吉（二十一才）と四人は松明の灯りで其処へいった。見れば大分喰ってあったが、與平次は、「ワリャ、取ったのぢゃろうが。胃と枝一本とだけ呉れた」と叫んで、小刀で腹を割き、膽臓《たんぞう》と足一本を切って帰って来た。翌朝いって見ると、何物も残してなかった。恐らく狼は二匹位で喰ったものと思ふ。〕

〔**十津川村大字山天で聞いた話**　―昭和十年十月二十五日―　松葉正文氏（四十三才）

○今から十五、六年前迄は、榎谷（山天）奥は、斧知らずの原始林だったが、その頃から伐採が始まった。自分は当時、郵便をしておったので、山小屋へ手紙を運んだのである。丁度九月頃の正午過ぎ、目の先の近い所へ鹿が飛んで来て崖をかけ登った。そのすぐ後へ黒い物が飛んで来て鹿を追ひかけ、二つともその姿は直ぐに見えなくなった。が追いかけた毛物は狼だったのである。暫くして、鹿の悲鳴が聞えた。逃げる時の声とは異なって、断末魔の苦しみ声だった。

その後も毎年、狼の足跡を見るが、中々大きいものである。しかし、七、八年前からは見られなくなった。〕

〔**（吉野）郡外　奈良市で聞いた話**　―昭和十一年一月八日―　南祐令氏（六十八才）、脇坂與三郎氏（六十六才）

○それは明治□□年前後の事で、有名な破□県令四條隆平氏（筆者注・奈良県長官在任明治四年十一月―同六年十一月、一八七一――七三）の頃で同氏の仕事である。若草山何者ぞ、順らく生産的に利用せざるべからずとあって、早速牧場として、羊と牛を飼った。所が狼がをって、鹿が害されたる外、この牧畜にも被害の恐れがあるとか、或はあったとかの事で、知事は猟師を置いて、之に備えた。又一重目の上で、毎夜篝火を焚いて防いだものであった。

所でこの火縄銃によって三重目で狼を斃したと云ふことを聞いてをる。そしてこの死骸を猿沢池畔の采女社《うねめしゃ》の傍に吊して一般に見物さしたが、多勢の見物人で場所が狭いので後に橋本町（現在の辷《すべ》り阪の下方で餅飯殿《もちいどの》に岐れる辺）に移して吊した。この吊した所は、札場の辻と云って役所の掲示等を貼り出して一般の縦覧に供した外、罪人を後手に縛り座らし、その背後に罪名を記して一般に見せた場所だった。
○私（脇坂氏）が十八才の時、宇陀郡のカガクショ道（内牧より山粕に至る途中）トンネルの墜落したのを修繕に行ってをったが、その時人夫頭は「オッサン」が出ると云って、夜中、人夫達の小屋から出るのを禁じてをった（奈良辺では狼のことを「オッサン」と云ったものだ）。」

〔**北山村（和歌山県東牟婁郡）で聞いた話**　―昭和十一年五月三日―　山本辰五郎氏（八十四才）
丁度四十才位の時で雨の夜だったと記憶する。北山川の出水を利用して魚を漁るべく今瀬（大沼から五町ばかり上流で右岸）へ行った。その時右岸の山の高い処で狼の啼くのを聞いた。〕

〔**田川浅次郎氏の手紙**　―昭和十一年七月十五日付―
天竜川上流での昔話
二十四年前、天竜川上流峯の沢鉱山へ在勤当時、附近に時々狼が出没し、吾々も交通に危険を感じ、いつも護身用銃を持ちて旅行せり。目撃者の話によれば、その狼は、山犬の様で体太く、口元の□毛は、針の如く白く光ってゐるから、あたかも口が耳元まで、さけたる如き観ありと。然し、人間には、おとなしく害をせないが、人が彼れに危害を與えたならば、猛然として、飛びかかるそうである。〕

〔**福山賢一郎氏（五十八才）の書信**　―昭和十一年八月一日附―
小生は、三重県南牟婁郡飛鳥村大字小阪（筆者注・現熊野市）生れにて、十才の時、或夜、狼二つが鹿を追って来て、拙家の大凡一町半程川下に当る川岸の草原内にて、喰倒したので、翌朝村人が捨て肉丈を取り、骨やその他を残置たる所、其夜又来て終夜啼き通すのみならず、そこより七、八間川上には、村人の通行する掛け橋が有るので、これを通行する者皆追い懸けられて、拙家に逃込で来る非常なさわぎで遂に夜を明かしたが、狼は昼は下手の川向に当る雑木林に引込み、少し日は傾けば、又川を渡りて、元へ来る。此如き事数日にして、小生等も川を泳ぎ渡るを数回見たのであります。或る日、木ノ本（筆者注・現熊野市）より、之を生捕んとて、犬五、六頭連れて来た者あり。在所の猟犬二頭を加へて懸けた（筆者注・けしかけた）が、仲々犬が進まぬ。菓子等を多く前に投げては進まし、漸くにして草原近く迄進し頃、突然右の二つは出て来たので、これを見た犬が一目散に逃げ出して終った。又犬を集めては、繰返さんとしたが、最早犬が橋より下へは一歩も進まないので、遂に中止となりました。小生等は川向ふにしてよく見て居たので、犬が狼に懸れば蛞《なめくじ》に塩と云ふが、之を見て居たからであります。

尚又十六才の時、南牟婁郡神志山《こうしやま》村の山奥の山小屋で寝て居た処、小屋の戸口で狼が啼き出し、非常に驚いた事もあります。当時、小屋内には木挽鋸七、八枚懸て居たのであるが、啼声毎に此前挽《このまえびき》に響いて、ぴーんと、かすかに、なるのでありました。世間で狼の啼声は金に響くと云ふ、是れは全く事実であります。〕

〔南アルプス北澤小屋（山梨県中巨摩郡）で聞いた話　―昭和十一年八月十六日―　竹沢亀松（七十才）、同　長衛（四十八才）父子

○父子は、長野県上伊那郡美和《みわ》村（筆者注・現伊那市長谷《はせ》）字戸台《とだい》の人で、以下は郷里の事柄である。

○亀松氏七、八才の頃は啼声を聞いた。

○四、五十年前、黒河内で田植しておる人間を、中尾の方から川を越えてきた狼が、尻に喰い付いて放さないので、他の人が喰いついたその狼を殺したことがあった。所で喰いつかれた人は、その後二、三日してから死んだ。

○七十年も前オシ（毛物を圧殺する装置）で狼を取ったと云ふ。

○八十年前位まで「犬オトシ」と云って山犬に追われて川原に落ちて死んだ毛物（主として鹿）を戸台辺の人がよく拾ひにいった。

○中山万次（本年八十七才で死す）が、二十才位の時、戸台の小字藤袋の二十町ばかり上方で、子を生んでをる狼に出会ひ、それを追払った。〕

〔上北山村大字白川で聞いた話　―昭和十年五月五日―　福田守義氏（四十四才）

○狼の糞は、狼道の辻の様な処にひる。〕

〔**大杉谷村（筆者注・現三重県多気郡大台町）で聞いた話**　―昭和十一年五月二十八日―　山本鶴雄氏（二十八才）

昭和九年十一月頃、同郷大杉の松葉光之助（当時四十五才）と云ふ男と共に、尾鷲《おわせ》奥岩井谷へ泊りがけで山仕事に行っておった。ある日、山小屋（岩井谷上流の西谷にあった）を出て、鉄砲と猟犬二頭を携へる松葉に従って猟に出かけた。二人は、二俣国有林との境界線を越えて、二ノ俣領内に入った頃、猟犬は何かを見つけて不動谷東谷の奥深く走り、松葉も之を追ったので、自分一人残れた。この時、下方（西方）で何やらバサ〳〵と音がするので、犬の追って来た毛物でないかと暫く見ておると、それは毛物ではなく、狼であった。間隔は凡そ十二、三間もあったろう。尚よく注視すると、顔の形相は実に物凄く鋭く、また身体も犬より大きいので、すぐ様狼だと直感された。その瞬間、何んとも云へぬ恐怖を覚へたが、狼は去ろうとせず、此方《こちら》を見てをったが、二、三分もしてから、南西に方向をとって下方へ静かに去った。ほっとした私は、急いで岩井谷の山小屋に帰り、人夫達にこの話をすると、人夫達は、自分達も先日、二俣の不動谷へ鯇《あまご》釣りに行った時、狼に出逢った。この辺には狼がをるのだと語った。〕

〔**米田富太郎氏の回報**　―昭和十年四月一日―　天川村大字沖金　林業家

当地方の棲息地は、弥山《みせん》と□宝附近と、而して行者還嶽《ぎょうじゃがえりだけ》より大普賢嶽《だいふげんだけ》に到る間は、最も能く棲息地として有名で、前者は白川又山《しらかわまたやま》と而して修覆山の通路に当る尾根通りであります。彼は、元来通路としては、凡て尾根を選んで通行して居ります。是は彼の特質であります。〕

〔**岩本軍司氏の回報**　―昭和十年三月二十一日附―　上北山村字日裏　医師

今より約三十年前、小生大台登山をなし、夜中一、二時間の間、啼きたる声を聞きたる事あり。又約二十年前、天ヶ

瀬在所附近にて終夜啼き続け、犬は恐れて悲鳴をあげたる事あり。〕

〔**五鬼継義孝氏の回報**　─昭和十年四月十一日附─　下北山村大字前鬼　僧侶

御照会相成候狼に付ての調査事項、私共知って以来は確たる事を見た事も無之《これなく》、又聞いた事も無之候が、左記二、三、疑問ながら狼であろうかと云ふ事相知り申候事御参考迄に御通知申上候。最も小生七、八才頃の幼少の頃は一度、下の野原を大きな鹿を追ひ、鹿の尻に二匹ついて走って居た事を見た事有之《これあり》。父が狼が鹿を追って来たのだと申した事を、多少覚へ居る位に候。

（A）昭和八年四月末頃、当場下男宮向井平次郎なるもの、裏行場に通ずる道赤阪地獄峠を下り、垢離取場の川の手前二、三十間の所に於て、犬の足跡の如き足跡が、山を上に登った足跡有を発見し、其足跡が普通の犬の倍位も大きな足跡故、多分狼で有うかと申した事有り。

（B）同年十二月初旬頃、自宅の直ぐ上に、六畳二間の家一軒有り、其家の入口の横手に一斗桶を小便桶に備付有。其小便桶に約七分通り小便有たるを、一晩の内、半分以上約四舛《しょう》位もへって居た事有。多分狼が来て小便を呑んだんだろうかと云った事有。

（C）年月日不明なるも、安田藤作といふ猟師は、前鬼《ぜんき》登山道の横奥に於て猟に行った所、犬が足元へマツワリ先きに行かぬ為め、何が居るのだろうと思い、自分は先達って進んで行った所、約十間位の向の方のスヽ竹の中に狼が寝て居て、其猟師が行った為起き上り、ボセ〳〵とにげて行ったと云ふ話を、今年一月に聞いた事有。

以上の他、糞を見た事もなければ、聞いた事も無之候。最近にては、狼の話、聞いた事無之候。右の次第何卒御諒知被下度《くだされたく》候。〕

〔**福山賢一郎氏（五十八才）の手紙**　─昭和十一年八月一日付─

氏は南牟婁郡飛鳥村の生れ、現在吉野郡上北山村小字大塚に住ってをる。

一、時　昭和九年春の事なりしも日月は不明

二、場所　上北山村東川大塚　山名角瀧山

三、位置　大塚区在所より北方大凡十二、三町奥。二十年生余の杉山内の谷間

四、（筆者注・啼いた所）聞たる場所より大凡十四町余り離れたる箇所

五、天候　曇にて、啼声二、三分置きに二声

小生は山稼《やまかせぎ》にて妻と共に八と名づけたる猪犬を連れて、毎日該山の下草刈に通ひ居たる処、或る日午後四時頃、突然大きな声で啼く物有り。之を聞たる瞬間、犬のながとへ（長吠）なりと思ったのであるが、犬の声としては、かすみ声も含み且つ如何にも立ち過ぎる（高く冴えること）ので、不思議に思ひ居たる処、妻は何の啼声かと聞くから、八のながとへと答へたが、妻は仲々承知しない。さて犬はと見廻すも姿は見へず、不思議に思ひ居たる処、又一声が発せられたと同時に、犬が吾等より北方に当る五、六間の所、山の凸所にねて居たと見へ、むくりと起上り声の方向を眺めて居るので、愈々狼なりと確信したのであります。さて、私は常に犬は狼に出合はば、蛞《なめくじ》に塩なりと確信して居る者なるが、人に依っては、此説を否定する者もある故、試にと草刈鎌を手にした儘犬の元へ走りより、八よ行け〳〵と、頻りに、けしかけて見たので有るが、容易に進まず、主も行くなら共に、と云た調子、是れでは駄目だと中止したのであります。〕

〔福山梅造氏（四十六才）の書信　―昭和十一年八月□日付―

私は、本年まで九ヶ年間、山をあちこち致してをり、又弥山の一里ほど手前（東南の下方）に小屋掛けをして労働をしてをりました。何分狼と云ふものは、数の少ないものですが、実在は間違ひありません。半年計り小屋住ひの間に啼き声を二回聞きました。啼き声は非常に物淋しいもので、夜間などは身にしみ込むかと思はれ、一里位は響き渡り、身の毛がよだちます。啼き声を聞いたのは、昭和八年七月夜の事で水昌谷《すいしょうたに》で啼くのを、私は弥山の東南方十里ばかり下方、水昌谷の西側で聞いたのです（岸田曰く、水昌谷は白川又川上流の支流で弥山から発し、東南に流れる）。狼を見たのは、昭和九年旧七月二十五日（新八月二十二日）の事です。私はその年旧三月三日の節句を郷里の天川村で終って三月五日、ツルギ又山の山小屋に入山し、旧の九月二十八日まで山住居《やまずまい》をしておった。旧七月二十五日の午前八

時頃、仕事をしておる処の二十間計り先の方を走る狼を見て大いに吃驚した。走る場所は、地上に笹一本もないので、よく見えたのである。身体は犬程で、口元は耳まで切れ、毛の色は灰粕色であった。この狼は何故昼の日中に人間の目に触れるやうな所に居たのかと云ふと、それは罠にかかった一匹の羚羊（それは死んでゐたか、生きてゐたかは不明）を、二、三日を費して喰ったものらしく、件の羚羊は骨と皮となって肉は少しも附着してゐなかった。のみならず、その場所は凡そ畳二枚程の地表は、畑地のやうにしてあった。其処に居た狼は、人の気配を見て逃げたものと思ふ。」

岸田氏は、絶滅が信じられるほど、激減した主な原因を伝染病の流行に求め、各地にその状況を照会している。次の報告を寄せた十津川村内原《ないばら》、鶴谷豊作氏は、昭和九年夏で五四歳だった。同年、岸田氏と会った時、伝染病原因説を唱えていた。

〔昭和十年十一月二十五日付―

一、流行病ニヨリ狼ガ激減セリトノ説、之ニ対シテハ証ハナキモ三十四、五年前迄ハ、随分部落ノ附近ニモ出テ来リシガ、誰モ捕獲セザルニ滅ジタルコト、又現今ニテハ深山ニ於テモ啼声等聞カザルヲ以テカク推定ス。

二、流行病ハ当地ニテハ三十四、五年前ト思考セラル。三十四、五年前迄ハヨク「狼タヲシ」ト云ッテ、狼ガ鹿ヤ猪等ヲ、山野デ喰殺シアリシヲ見タリシコト、或ハ夜半、在所ニ来リテ啼クト、ソレ狼ガ来タト云ッテ、各戸ニ飼育セシ牛ヤ、犬ヲ保護ノタメ厩舎等ニ、戸ヤ板ヲ以テ柵ヲ急造セシコトアリキ。ソレ迄ハ時々数頭ノ狼ガ来リテ、牛ヲ食殺シシコトアリシト云フ。」

〔**田川浅次郎氏の意見**　―田川氏は三重県南牟婁郡木ノ本町（現熊野市）の売薬商で五十才　―昭和十年十一月二十八日付―

犬ノジステンパーガ、狼ニ感染シタノハ約三十五、六年前デ、其当時、杣人《そまびと》ヤ山稼ガ狼ノ斃死《へいし》セルモノ、病ニ罹ッテウロ〱シテ居ルモノヲ、度々見タトノ事デアル。私共小児時代ニハ、近クノ山デモ狼ノ啼声ヲ聞キ、震へ上ッタモノデアルガ、近来ハ狼（を見ること・筆者注）ハ愚カ《ママ》、狼ノ啼声サヘ耳ニシマセヌ。」

〔**福田守義氏の談**　―昭和十年五月五日―

上北山村白川の人で四十四才。氏も亦伝染病のため激減したと説く。即ち狼は流行病で激減した。それは大正七、八年頃。トロ犬（トロッコを曳く犬）によって広く猟犬にも伝染して、これがため犬が続々斃れたのだと思はれるが、その伝染病、即ちヂステンパーが狼にも大害を及ぼしたものと思ふ。大正十一、二年頃にも尚度々狼の足跡を見たが、その後は何時《いつ》となく見当らなくなった。〕

〔**日本狼に附随する餘談**

岩本おきち氏の話　―昭和十一年五月二十二日―

岩本おきち氏は、上北山村小字天ヶ瀬の住人で、八十才の老婆である。明治十三年、おきちの夫が送り狼を打ち殺したことは前に記したが、尚次のやうな話をした。

この当時、おきちは、産後の肥立悪く、十ヶ月間計り元気なく、永らく下痢に悩んでゐた。所で人のす、めで、狼の膽《きも》を切断して、之を金網にのせて焼き、丁度正午頃喰ったが、夕方になると下痢が治った。のみならず、尚二、三回に分ち、かくして喰った後は衰弱した身体がすっかり回復したのであった。当時、肉類は外で喰ふ状態だったので、狼の膽も家の外で焼いた。焼膽を喰ふ時は、カグサクテ〱（岸田曰く、毛物特有の臭気を云ふ）誠に困った。

それから一、二年経った或日、山へ粗朶《そだ》を取りに行き転んで、アバラを打ち大変病んだ。この時も人のす、めで、保存せる狼の骨骼を取り出し、同じ部分の骨を削り、それを患部に貼ったらすぐ治った。

狼の咬傷をうけたら小豆を喰ったら悪い。ある人が咬まれてから三年も経た後、小豆を喰った所、傷跡がまた患ひ出した。〕

〔**田川浅二郎氏の書信**　―昭和十年十一月二十八日―

今から五十年前、木本西の某が狼の仔を一頭山にて拾ひ来り、大切に飼育した処、非常に人になつき放ち飼ひをして土地の犬とも交尾し、仔孫を産んだのであったが、或る日人に咬みつき負傷せしめたので、土地の人は恐れを抱き

惜しい事には撲殺して終ったとの事である。〕

〔私が各地で聞いた断片

○狼の牙は魔除けになると云ふ。それで牙をもってをる家は往々にある。山地へ旅をする時など、牙をもって行くとよい。又昔青年の夜這の時など狼の牙をもっていたら犬にほえられないと云ふ。

○狼を殺すと家運が衰える。〕

著者紹介

栗栖　健（くりす　たけし）

<著者略歴>

1947 年生まれ。広島県出身。早稲田大学法学部卒業。毎日新聞記者として滋賀県北部、丹後、山陰、奈良県吉野地方などで勤務。元・毎日新聞社奈良支局五條通信部長。戦後の食糧難の記憶から農業に関心を持ち、自然条件の克服と協調の関係に目を向ける。30 歳を過ぎた頃から野山の草木を見て歩き、植物相の遷移が動物の種類の変化、人間の営みとの関わりの変化を伴うことを知る。

<主要著書>

『アユと日本の川』（築地書館、2008 年）など。

2004年２月20日　初版発行
2015年５月25日　初版発行（生活文化史選書シリーズ版）
2020年７月25日　第二版発行（生活文化史選書シリーズ版）　《検印省略》

◇生活文化史選書◇

日本人とオオカミ【第二版】
—世界でも特異なその関係と歴史—

著　者　栗栖　健
発行者　宮田哲男
発行所　株式会社 雄山閣
〒102-0071　東京都千代田区富士見 2-6-9
ＴＥＬ　03-3262-3231／ＦＡＸ　03-3262-6938
ＵＲＬ　http://www.yuzankaku.co.jp
e-mail　info@yuzankaku.co.jp
振　替：00130-5-1685
印刷・製本　株式会社 ティーケー出版印刷

ISBN978-4-639-02721-8 C0039
N.D.C.382　211p　21cm